橡胶气象服务关键技术研究

刘少军　张京红　陈小敏　张明洁 等　编著

U0202185

海洋出版社

2019 年·北京

图书在版编目（CIP）数据

橡胶气象服务关键技术研究/刘少军等编著. —北京：海洋出版社，2019.6
ISBN 978-7-5210-0364-2

Ⅰ.①橡… Ⅱ.①刘… Ⅲ.①橡胶树-农业气象-气象服务-研究-中国
Ⅳ.①S165②S794.1

中国版本图书馆 CIP 数据核字（2019）第 112705 号

责任编辑：夏亚南
责任印制：赵麟苏

海洋出版社 出版发行

http://www.oceanpress.com.cn

北京市海淀区大慧寺路 8 号 邮编：100081
北京朝阳印刷厂有限责任公司印刷 新华书店北京发行所经销
2019 年 6 月第 1 版 2019 年 6 月第 1 次印刷
开本：787mm×1092mm 1/16 印张：12.375
字数：203 千字 定价：86.00 元
发行部：62132549 邮购部：68038093 总编室：62114335

海洋版图书印、装错误可随时退换

前　言

天然橡胶是国防和经济建设不可或缺的战略物资和稀缺资源，直接关系到国家安全、经济发展和政治稳定。天然橡胶也是我国热带地区的重要支柱产业，种胶割胶是偏远山区胶农脱贫致富的主要途径。橡胶树产胶量的高低受很多因素的制约，既取决于胶乳合成的多少，又取决于胶乳能否顺利排出。中国属于橡胶树种植的非传统区域，气候因子是影响橡胶树种植及产量的关键因素之一。橡胶生产受气候波动和人类行为的共同影响，橡胶气象研究工作是为了充分利用有利气候资源，合理规划橡胶树种植，防御气象灾害，提升气象服务保障天然橡胶生产的科技能力，为相关部门提供决策依据。本书从橡胶树种植适宜性区确定、橡胶气象灾害监测评估、气象对橡胶产量的影响等方面归纳总结了橡胶气象服务的相关技术，丰富橡胶气象服务内容、提高服务水平，为开展橡胶生产气象服务提供更加有力的科技支撑。

研究的内容得到了国家自然科学基金《气候变化背景下中国天然橡胶种植的气候适宜区变化格局及其对橡胶产量影响机制研究》（编号：41765007）、《基于 HWIND 和 GALES 的海南橡胶林台风灾损评估模型》（编号：41465005）、海南省自然科学基金《气候变化对海南橡胶林气候适宜性的影响研究》（编号：20154172）等项目的资助。本书是以上橡胶科研项目课题成果的集成，大部分内容是课题组在已经发表论文的基础上汇集而成。

全书由刘少军组织统稿。全书共分为 17 章。其中第 1 章和第 15 章由张明洁执笔；第 3 章由刘少军、周广胜、房世波执笔；第 9 章和第 12 章由陈小敏执笔；第 11 章由张京红执笔；其他章由刘少军、张京红等执笔。同时，感谢蔡大鑫、陈汇林、白蕤、李伟光、田光辉、胡德强、佟金鹤、王斌、邹海平等对部分章节的贡献。

本书在编写的过程中得到了中国气象局、海南省气象局、海南省南海气

1

象防灾减灾重点实验室的关心和指导，得到了项目承担单位海南省气象科学研究所的大力支持。感谢国家自然基金委、中国气象局、海南省科技厅等为课题研究提供的经费资助；感谢参与课题研究和本书编写的所有人员。

由于作者水平限制，书中难免存在错误和疏漏之处，恳请专家、读者批评指正。

编　者

2018 年 12 月

目　次

1　橡胶生产气象研究概述 ·· （1）

　　1.1　橡胶生产与气象的关系 ··· （1）

　　1.2　橡胶气象灾害及其防御 ··· （5）

　　1.3　橡胶气象服务 ··· （10）

2　全球天然橡胶树种植的潜在气候适宜区预测 ··················· （15）

　　2.1　数据和方法 ··· （16）

　　2.2　结果与分析 ··· （16）

　　2.3　结论与讨论 ··· （19）

3　中国橡胶树种植北界 ·· （23）

　　3.1　数据和方法 ··· （24）

　　3.2　结果与分析 ··· （27）

　　3.3　结论与讨论 ··· （33）

4　橡胶树气候适宜性及变化趋势分析 ······························ （38）

　　4.1　数据和方法 ··· （39）

　　4.2　结果与分析 ··· （42）

　　4.3　结论与讨论 ··· （46）

5　橡胶树栽培适宜性评价 ·· （49）

　　5.1　数据和方法 ··· （50）

　　5.2　结果与分析 ··· （53）

　　5.3　结论与讨论 ··· （56）

6　基于 GALES 的海南橡胶林台风风灾评估模型 ················ （59）

　　6.1　橡胶树断倒的机理研究 ··· （60）

　　6.2　模型建立 ··· （62）

6.3 结论和存在的问题 ……………………………………… (66)

7 橡胶树风害的重现期预估研究 ………………………… (70)

7.1 数据和方法 ……………………………………………… (71)

7.2 结果与分析 ……………………………………………… (73)

7.3 讨论 ……………………………………………………… (76)

8 台风对海南岛橡胶树产胶潜力的影响研究 …………… (79)

8.1 数据和方法 ……………………………………………… (79)

8.2 结果与分析 ……………………………………………… (81)

8.3 结论与讨论 ……………………………………………… (84)

9 橡胶树遥感寒害监测 …………………………………… (87)

9.1 数据和方法 ……………………………………………… (88)

9.2 结果与分析 ……………………………………………… (88)

9.3 结论与讨论 ……………………………………………… (93)

10 寒害事件对橡胶树总初级生产力的影响研究 ………… (96)

10.1 数据和方法 …………………………………………… (97)

10.2 结果与分析 …………………………………………… (98)

10.3 结论与讨论 …………………………………………… (104)

11 橡胶林长势遥感监测 …………………………………… (108)

11.1 数据和方法 …………………………………………… (109)

11.2 结果与分析 …………………………………………… (112)

11.3 讨论 …………………………………………………… (124)

12 橡胶树春季物候期的遥感监测 ………………………… (128)

12.1 数据和方法 …………………………………………… (129)

12.2 结果与分析 …………………………………………… (130)

12.3 结论与讨论 …………………………………………… (135)

13 海南岛橡胶林碳汇空间分布研究 ……………………… (138)

13.1 数据和方法 …………………………………………… (139)

13.2 结果与分析 …………………………………………… (143)

13.3 结论与讨论 …………………………………………… (144)

14　基于 DEA 的橡胶风害易损性评价模型研究 ……………………（147）

　14.1　数据和方法 ……………………………………………（147）

　14.2　橡胶风害易损性评价 …………………………………（148）

　14.3　个例分析 ………………………………………………（150）

15　台风灾害对橡胶产量影响的分离技术研究 ……………（157）

　15.1　数据和来源 ……………………………………………（160）

　15.2　影响橡胶产量的主要气象灾害 ………………………（160）

　15.3　气象灾害指数的建立 …………………………………（161）

　15.4　橡胶减产率序列的构建 ………………………………（162）

16　橡胶林产量对气候变化的响应分析 ……………………（165）

　16.1　数据和方法 ……………………………………………（166）

　16.2　结果与分析 ……………………………………………（169）

　16.3　结论与讨论 ……………………………………………（174）

17　中国橡胶树产胶能力分布特征研究 ……………………（179）

　17.1　数据和方法 ……………………………………………（180）

　17.2　结果与分析 ……………………………………………（182）

　17.3　结论与讨论 ……………………………………………（186）

1 橡胶生产气象研究概述

气象条件是橡胶树引种、栽培和生产的关键影响因素，决定植胶的根本条件就是气候，在橡胶树的引种、栽培和生产过程中必须充分注意气候条件的适宜性，因地制宜，才能高产高效。巴西橡胶树 1904 年引种至中国云南，后来随着战略需求的增加，天然橡胶树种植面积不断扩大，橡胶气象服务工作越来越受到重视。中国气象和橡胶工作者从橡胶树生长的生理生态特性、环境影响因子、中国各个植胶区的气候特点、橡胶树种植气候区划、橡胶树寒害、风害的发生条件、预报防御等方面，对橡胶气象进行了大量的研究，并且取得了丰硕的成果。这些研究为中国防御橡胶气象灾害，扩大天然橡胶树种植面积，提高橡胶产量等提供了有力的科技支撑。综观目前的研究可以发现，虽然研究内容丰富且研究方法、角度等十分广泛，但缺乏系统的总结梳理。因此，在简要回顾中国天然橡胶树种植概况的基础上，从 3 个方面综述了中国橡胶气象研究进展情况：①中国橡胶树与温度、水分、光照等气象因子的关系；②橡胶树寒害、风害及其防御；③橡胶气象服务。并据此对橡胶气象研究存在的问题及未来发展方向进行了评述，以期为该领域的研究提供有益的参考。

1.1 橡胶生产与气象的关系

1.1.1 橡胶树生长对气象条件的要求

适宜的温度，丰沛的降水，充足的光照，是橡胶树高产的必备条件。关于橡胶树生长与气象条件的关系，中国学者已经做了大量的研究。影响橡胶树生长的气象条件主要包括以下 4 个方面：

1）温度

温度是限制橡胶树地理分布的主要因素，直接影响到橡胶树的生长、发育、产胶以至存亡。橡胶树在 20~30℃ 范围内都能正常生长和产胶，其中 26~27℃ 生长最旺盛；温度大于 40℃ 时，橡胶树呼吸作用增强，直接遭受损伤（张忠伟，2011）。在适温范围内积温值越高，橡胶树的生长期及割胶期越长、产量越高。徐其兴等（1988）认为，橡胶树丰产栽培的温度指标是：最低月平均温度大于 15℃，极端低温平均值大于 5℃。橡胶树生长的最适温度范围是 25~30℃，胶乳合成的适宜温度为 18~28℃，超过 18℃ 时产量随温度升高而升高，低于 18℃ 时胶乳的生成会急剧下降（华南热带作物学院编，1991）。河口地区橡胶高产期的日平均气温大于 25.4℃、日最低气温大于 22.7℃、气压大于 990 mbar① （方天雄，1985）。当气温在 26.3~26.5℃，日照时数在 165.18~166.76 h，地温在 30.53~31.43℃ 范围内，海南橡胶能获得较大的胶乳产量（张慧君等，2014）。

2）水分

橡胶树生长要求降雨量充沛（1 500~2 900 mm）、雨日多、旱期短、相对湿度高。橡胶树蒸腾耗水量很大，温度一定时，土壤含水量是橡胶树生长和产胶量的重要影响因素（刘金河，1982）。橡胶树的光合、蒸腾等生理功能在壤质土的田间最大持水量降至 30% 左右时就会降低（王秉忠，2000）。

3）风

微风可调节橡胶林内空气，增加二氧化碳浓度，对橡胶树生长有利，常风风速小于 2.0 m/s 时橡胶树生长良好；一旦风速大于 2.0 m/s，橡胶树蒸腾加剧，生长和产胶就会受到抑制，需营造防护林加以保护；若风速不小于 3.0 m/s，将导致橡胶树型矮小，树皮老化，不能正常生长和产胶（张忠伟，2011）。

4）光照

日光是植物进行光合作用的能量来源。适宜的光照条件有利于橡胶树糖代谢和养分积累，橡胶树茎粗增长快，植株高度差异不明显，原生皮和再生

① bar 为非法定计量单位，1 bar = 100 kPa。

皮生长快，乳管列数相应增多，产胶能力强（张忠伟，2011）。

中国植胶区已经超过北纬 17°，属热带北缘季风气候区，是非传统植胶区，橡胶树能够大面积种植已是世界植胶史的一个创举（江爱良，1983）。20世纪 80 年代江爱良进行了大量开拓性的研究，其分析了橡胶树的生态习性，对橡胶树原产地、世界主要产胶园和中国胶地气候进行了对比，认为橡胶树北移成败的关键是能否避免寒害和风害。还认为由于青藏高原的两种动力作用，云南南部、西南部地区冬季多阳光而降温较为缓和，与华南东部植胶区的越冬气候不同，为橡胶树的安全越冬提供了条件（江爱良，1995，2003）。黄宗道等（1980）对中国云南、海南的植胶自然条件与东南亚重要植胶国进行了比较，从橡胶树生长和产胶方面分析了中国海南、云南植胶区的优越性：除台风外，海南岛的自然条件对橡胶树生长和产胶的习性来说，无论是热量、雨量还是土壤条件大都处于良好的适应范围之内，应因地制宜，栽培抗风抗旱品种，建造防风林，根据橡胶树生长的自然条件规律，在海南岛海拔350 m 以下和云南省西双版纳海拔 900 m 以下地区建立高产稳产橡胶生产基地，进行合理的区划和布局。贺军军等（2009）、韦优等（2011）分析认为中国广东和广西植胶区除台风和寒潮低温是其发展橡胶生产最主要的灾害性气候条件外，该地区的光照、温度、水分和土壤等条件基本符合橡胶树生长所需要的环境气候条件，应注意选择避寒小环境和合理配置品系的情况下发展橡胶种植业。

1.1.2 橡胶种植气候区划

1）传统的橡胶种植气候区划

由于橡胶树对气候条件的特殊要求，因地制宜，充分利用有利气候资源，合理规划植胶区域，实现区域化专业化生产，才能实现橡胶高产高效栽培。20 世纪 60 年代，根据气象条件、地理环境等影响因素，中国划分的橡胶环境类型中区中将海南岛划分为海岸地区、内陆区、东部地区和西部地区。20 世纪 70 年代，海南岛被划分为 8 个环境类型中区。20 世纪 80—90 年代，橡胶种植区划的区划成果以全国橡胶种植区生态区划（农牧渔业部热带作物区划办公室，1989）及海南岛橡胶种植区划（海南行政区公署农业区划委员会等，1982）等为主，根据当时的科技水平及农业气象条件，以县为单位进行评价，区划指标以橡胶树越冬条件为主，台风灾害为辅。如，何康根据橡胶树对气候的适应情况，将中国植胶区划分为4个气候区，即，海南南部为最适宜气候区；海南北部、云南东南部、云南南部、云南西南部为适宜气候区；湛江、海南中部山地、云南南部、云南西南瑞丽、潞江区为次适宜气候区；局部可植气候区（邓军等，2008）。

2）基于新技术新理论的橡胶种植气候区划

在全球气候变化的影响下，中国植胶区气候条件也在发生着变化：气温升高，强降水增多，自然灾害发生频率增加、强度增强等，严重影响了天然橡胶种植与生产的发展速度与规模。原有的橡胶区划指标和结果已不能满足橡胶种植和生产应对近年来气候条件及气象灾害变化的要求。张莉莉（2012）根据橡胶树正常生长发育对外界气候条件的要求，结合海南岛气候变化特征、岛内橡胶种植与生产灾情资料，筛选出气候、地形、灾害风险、产量4个方面共13个因子作为区划指标，依靠GIS空间分析技术，获得了精细的海南岛天然橡胶种植气候适宜性区划专题图。王祥军等（2013）借助构建的综合比较优势指数、效率优势指数、规模优势指数和效益优势指数，对中国各天然橡胶产区的区域优势进行评定，认为中国天然橡胶优势种植区为云南和海南两省区：云南的天然橡胶种植资源利用率高，生产资料投入高；海南天然橡胶种植专业化程度高，种植规模大。李亚飞等（2011）以中国HJ-1卫星为主要遥感数据源，采用监督分类方法，获取了西双版纳地区2011年的橡胶林分布状况，并着重量化分析了西双版纳地区橡胶林分布的气候特征和地形特征，提出了西双版纳橡胶林种植业的发展策略，实现橡胶林生态问题的动态监测，为橡胶种植业的健康发展提供科学支撑。俞花美等（2011）从评价方法的角度，探讨了GIS在橡胶种植生态适宜性评价中的应用现状，提出了中国橡胶种植生态适宜性评价的发展方向：①综合利用多种评价模型，优化计算过程；②改进评价指标体系，静态评价和动态评价相结合；③发展网络平台，实现GIS生态适宜性评价体系的立体式发展，即搭建部门间信息传达和反馈的快速通道。根据中国植胶区的自然气候特点，全国天然橡胶优势区域布局规划（2008—2015年），认为划分优势区域的主要依据是温度、降水量、台风、坡度和海拔以及产业比较优势和产业基础［全国天然橡胶优势区域布局规划（2008—2015 年），2014]。据此，将中国天然橡胶产业划分为海南、云南、广东三大优势区，并分析了各优势区的区域特点、主攻方向和发展目标。

1.2 橡胶气象灾害及其防御

虽然中国发展橡胶树种植的环境比较优越，但在橡胶树种植地存在气候脆弱区，气象灾害几乎每年都会导致中国橡胶事业遭受重大损失（江爱良，2001）。中国橡胶树种植区的主要气象灾害有寒害、风害和旱害。其中，寒害和风害引起的损失最大。

1.2.1 橡胶寒害

橡胶寒害是由于寒潮或冷空气侵袭使当地气温骤然下降到橡胶树所能忍受的温度以下，或低温累积到橡胶树所能忍受的程度下限时发生的灾害（邱志荣等，2013）。其具体症状表现为：①以树干爆皮流胶和枝条干枯混合型为主；②主干爆皮凝固一团淤胶；③表现为枝条干枯，气温回升，寒害仍进一步发展，主干出现由上而下回枯加重等症状。据前人研究（中国热带农业科学院等，1998；符史辉，1982）和海南岛当地胶民的多年经验：当气温小于10℃时橡胶树幼嫩组织受害；气温小于5℃时橡胶树出现枝枯、茎枯、爆皮等寒害症状；气温小于0℃时，橡胶树严重受害甚至死亡。

全球气候变暖可能会给热带作物带来更好的温度条件，但仍不能排除低温寒害的影响。低温寒害发生的不确定性和复杂性对中国橡胶种植和生产构成了巨大的威胁，然而中国气象部门尚无法提供及时准确有效的寒害监测和预警信息，所以，为了做好橡胶防灾减灾工作，预防和减少气象灾害带来的损失，应该加大对中国橡胶种植和生产过程中寒害研究工作的关注。

中国对橡胶寒害的研究约始于20世纪50年代初期，后来随着消费需求的增加，橡胶种植面积急剧扩大，寒害问题日趋重要。目前针对中国橡胶寒害的研究已有很多成就，主要包括以下几个方面：

1）橡胶寒害发生后的受灾情况调查

王树明、王龙分别报道了云南东部垦区 2004/2005 年（王树明等，

2005)、2007/2008 年（王树明等，2008；王龙等，2009）橡胶寒害发生规律及特点。阚丽艳等（2009）从寒害的气候特点、生态类型区、品系（种）、树龄、地形、立地环境等方面对海南省 2007/2008 年冬橡胶寒害情况进行了分析，为海南的抗寒植胶、橡胶树新品种的应用积累了新的资料。

2008 年初中国南方罕见的冰冻雨雪天气使天然橡胶产业蒙受了巨大损失，刘绍凯等（2008）、覃姜薇等（2009）、陈小敏等（2013）分别对此次寒害的特点和海南植胶区的受灾情况进行了总结分析。其中，覃姜薇采用受灾面积、受灾株数、各级别受灾的株数、受灾率、3 级以上受害率以及平均寒害级别区划指标，按寒害的影响程度将海南垦区分为 4 个类型区：重寒害区、次重寒害区、中寒害区、轻寒害区。程儒雄等（2014）分析了广东和广西植胶区 2008 年初发生寒害的主要特征及该地区橡胶树受寒害的特点，从立地环境和品种的选择等方面对橡胶树的抗寒种植提出了建议。

2）橡胶树寒害的指标、分类分级、抗寒性及防寒措施等方面的研究

江爱良对华南橡胶寒害类型、指标和气候规律以及寒害与地形小气候的关系等进行了大量的研究（江爱良，1995）。温福光等（1982）以 12℃ 为橡胶寒害受害临界温度，通过计算广西植胶区橡胶寒害有效积温，得出平流型寒害的寒害积温指标和辐射型寒害的极端最低温度指标，评价寒害的不同级别。后来又结合寒害发生的条件，将橡胶寒害分为平流型寒害、辐射型寒害（陈尚谟等，1988；郑启恩，2009）。陈瑶等（2013）给出了橡胶平流型寒害、辐射型寒害和混合型寒害的明确定义，并依据构建的橡胶寒害指数的大小对橡胶寒害分级，同时给出了橡胶树遭受不同等级寒害时可能导致的橡胶干胶减产率和受害率的参考值，为规范橡胶寒害调查、统计和评估业务提供科学依据。林福金等（1991）就云南东部垦区低温与橡胶寒害、低温性质、寒潮路径和强弱以及橡胶树的抗寒性等问题进行了探讨。中国气象局于 2013 年 3 月 1 日发布实施的气象行业标准《橡胶寒害等级》对规范中国橡胶寒害的等级划分，客观、定量地评估橡胶寒害对橡胶产量的影响具有重要的指导作用（崔玉叶等，2013）。

不难发现，上述大多数对橡胶寒害分类的研究还只是定性描述，没有定量指标，定级受人为因素影响大，且指标考虑因素单一，没有综合考虑多种致灾因子的影响。孟丹等（2013）根据自然灾害系统理论，从致灾因子、孕

灾环境、承灾体、防灾减灾 4 个方面考虑，结合统计学方法、灾害风险评估模型，利用 GIS 技术实现了滇南地区橡胶寒害风险评价与区划。

3）气象要素与橡胶寒害发生的关系研究

潘亚茹等（1988）采用带有周期分量的多元逐步回归方法建立了海口、白沙等 5 个站的极端最低气温预报模式，用来分析橡胶寒害趋势，模式的拟合及预报效果都比较好。黄文龙等（2001）对西双版纳 1999 年低温寒害次年的气候特点和对橡胶树的影响进行的分析发现，由于橡胶树在寒害中受到生理损伤，即使后期气温偏高，开割期仍会推迟，而推迟时间的长短与遭受寒害的程度以及所处环境的热量条件有关。王树明等（2011）发现 1953 年以来云南河口的橡胶树寒害次数有所下降，尤其是 20 世纪 90 年代以后，但受害频率和严重程度与气候变暖没有明显的相关性。邱志荣等（2013）利用海南岛 18 个市县 1981—2012 年冬季逐日平均气温和极端最低气温等数据，提取海南岛冬季日平均气温小于 15℃天数、日最低气温小于 10℃天数、寒害有效积寒 3 个因子，进行主成分分析，得出表征海南岛天然橡胶寒害气温综合指标，结合收集到的海南橡胶寒害资料，分析了海南岛橡胶寒害的空间分布特征：以中部山区为界，南轻北重，北部以琼中、白沙、儋州、临高、澄迈为中心最易遭受寒害；南部地区寒害较轻或不明显。研究结果为海南岛橡胶寒害风险区划和评估以及防灾减灾工作提供了一定的参考。

1.2.2 橡胶风害

中国植胶区气候显著不同，所遭受的灾害也不同。广东部分植胶区和海南橡胶种植区受风害影响最为显著。台风一直是海南岛橡胶业生产面临的最大自然灾害，频率高，损失重（余伟等，2006）。海南岛植胶历史就是一部不断探索研究橡胶抗风栽培技术的历史。0518 号台风"达维"造成海南垦区橡胶树三级以上断倒率高达 50.9%，未开割树受害率 33.9%，报废胶园 11.69 万亩，直接经济损失达 39 亿元。1117 号强台风"纳沙"造成海南农垦橡胶树损失共 372.7 万株，其中开割树损失达 354.5 万株，损失率 6.52%（刘少军等，2010）。

风对橡胶树的危害可分为机械损伤和生理伤害。生理伤害具有普遍性，主要是增大蒸腾强度，使橡胶树体内水分失去平衡，同化作用减退。有关实验认为，风速为 5 m/s 时其同化产量仅为无风时的 1/2，10 m/s 时则只有 1/3。可见长时间吹稍强的风，对橡胶树的生理伤害程度，并不比机械损伤轻。机械损伤主要是使叶破损、落花、落果、落叶、折枝、断干、拔根、倾斜以致倒伏（符晓虹等，2014）。

关于橡胶风害的研究，主要包括风害分布规律和台风灾害评估方法两个方面。

1）橡胶风害分布规律

橡胶风害与其所处的地形地势密切相关。丘陵、山地的风力小于平地的风力，但其隆起部位和峡谷风速很大；强台风、迎风坡和背风坡的风害率差别十分明显（张忠伟，2011）。王秉忠通过调查海南岛典型的山区地形1962—1970 年种植的两个品种橡胶树的累计风害状况及此区域台风来向、台风登陆路径等因子，分析了不同地形的橡胶风害分布规律（王秉忠等，1986）。刘少军等（2010）以登陆海南岛的台风"达维"为例，利用 MODIS 卫星数据和 GIS 的空间分析功能揭示台风灾害中橡胶损失的空间位置、分布特征以及影响其变化的相关地理因素，发现在不同的地形地貌条件下，台风造成的橡胶风害不同：①同一坡面不同坡位的风害不同，损失由多到少依次是坡顶、坡底、坡中；②由于台风经过的位置及地形地貌影响，东坡向比西坡向严重；③坡度小的地方地势比较开阔，在降低风速过程中贡献小，橡胶损失比较严重。

2）橡胶台风灾害评估方法

对橡胶台风灾害进行监测、评估，及时、准确地获取灾前灾中灾后的橡胶信息、台风影响程度等信息的动态变化，是有效防范和减少橡胶台风灾害的前提。传统的橡胶风害影响评估通常以灾情实地调查、逐级上报的方式（王缵玮等，1990；罗家勤等，1992）为主，同时以大量历史资料为支撑，按传统方法建立相应的评估模型。如"保亭育种站 1962 年 16 号台风的调查报告"（徐广泽，1964），长征、大丰、南俸农场的风害调查报告以及通什农垦局关于 8105 台风风害调查报告（广东省保亭热作所等，1981），"国家橡胶树种质资源大田鉴定圃 2011 年'纳沙'台风风害调查"以及李智全关于 0518

号台风"达维"对海南垦区橡胶生产影响的分析:"达维"造成橡胶树割株减少,物候期不整齐,割胶期推迟,影响橡胶树的远期产量(李智全,2006)。周芝锋(2006)分析了1950年以来登陆海南岛的117个热带气旋特征及其对农垦橡胶生产的影响:历年橡胶开割树风害损失情况,风害与橡胶树龄的关系,风力与橡胶树断倒率的关系。根据垦区台风登陆的情况及危害程度,将垦区划分为6个类型区。魏宏杰等(2009)采用以正态分布为核函数的核估计方法,以1970—2005年间在海南登陆的47次台风灾害为样本,建立了海南农垦橡胶树风害损失分布函数。灾情实地调查需要的人力物力大,时间耗费长,传统方法建立模型需要以大量的历史灾情和气象数据为支撑,但历史灾情数据往往难以获得,给评估带来困难。

利用遥感技术对橡胶林台风灾害进行监测,能够快速、直观、精细地获取受灾区域和受灾程度等信息,且监测范围广、投入少。张忠伟(2011)基于RS与GIS利用自然灾害风险评估方法进行的海南岛台风灾害对橡胶影响的风险性评价研究表明:橡胶台风灾害致灾因子危险性的高危险区主要位于台风登陆频次较高的琼海和文昌等地;灾害高敏感区分布在昌江县、东方市、五指山市、儋州市、琼中市;高易损性分布区主要是在儋州市;高防灾减灾能力分布区在儋州市、乐东县。刘晓光等(2012)基于区域自然灾害系统理论,构建了天然橡胶种植业灾害脆弱性评价指标体系及评价模型,并从区域孕灾环境敏感性以及承灾体对灾害的适应性两个方面,对海南省天然橡胶种植业脆弱性进行了评价。刘少军等(2014)、张京红等(2012)以2005年对海南省天然橡胶造成严重损害的台风"达维"为例,利用MODIS数据,通过对橡胶风害成因的分析,在橡胶风害形成环境背景和灾害数据库的基础上,利用可拓学方法,建立海南岛橡胶台风灾害评估模型,对1107号台风"纳沙"、1108号强热带风暴"洛坦"对海南岛天然橡胶造成的灾害进行评估,评估结果与实际灾情调查结果一致,说明模型能够在一定程度上反映受灾情况。罗红霞等基于HJ星数据分析了台风"纳沙"对海南不同农场橡胶NDVI变化的影响。张京红等(2014)、张明洁等(2014)基于FY-3数据通过分析台风登陆前后NDVI的变化判断橡胶树的生长变化情况。并对1117号台风"纳沙"、1221号强台风"山神"给海南岛橡胶林带来的损失进行了监测。此外,刘少军等(2010)、张京红等(2010)、陈汇林等(2010)分别基于

QuickBird、Landsat-TM、MODIS 卫星数据提取了海南岛橡胶的种植面积信息，为橡胶研究工作提供帮助。余凌翔等（2013）基于 HJ-1CCD 遥感影像提取了西双版纳橡胶种植区，科学地反映了西双版纳橡胶树种植的分布情况，为西双版纳橡胶种植产业区划、灾害预警等提供了依据。

1.3 橡胶气象服务

在橡胶生产过程中，气象因素是关键影响因素，风调雨顺的年份橡胶产量高，灾害严重的年份产量就低。因此，建立一个可操作的橡胶气象服务平台是十分必要的（黄明祖等，2008），气象科技服务在橡胶生产中具有重要的作用和广阔的应用前景。中国各植胶区的橡胶气象服务事业也在不断地发展。

李湘云等（2010）将 GIS 技术、天气预报和气候分析相结合，建立西双版纳实时气象数据、橡胶种植信息数据库和橡胶树开割、停割预报模式，可对西双版纳州的橡胶种植区域及区域内天气（降水、温度）情况进行实时查询、监测、预报，将橡胶种植管理、气象分析相结合，最大限度地减少不利气象条件对橡胶树割胶生产造成的损失，为政府提供了一套先进的、可选的预报服务系统。侍慧宇（2009）设计开发的基于 WebGIS 的海南橡胶资源信息系统从海南省—区县—乡镇—农场 4 个层次进行数据组织，实现了海南橡胶资源信息的科学管理和查询。该系统包括橡胶实体属性信息，如品种、定植年度、开割年数；生产信息，如胶产量、价格、施肥量等；胶园地理环境信息，如坡度、土壤类型、土壤肥力（NPK，有机质含量）等；胶园管理信息，如林段、割胶人、所属单位等；胶园基础地理信息，如地形、行政边界、TM 影像和等高线等。2009 年第 7 号热带风暴"天鹅"给海南农垦造成了损害，橡胶树风灾保险有了第 1 次处理实践。符方雄（2009）就此次橡胶风灾保险条款的释义和实务操作等环节上的改进展开分析，为完善风灾保险、保险产品设计和推创气象指数保险作有益思考。张京红等（2014）基于 2009—2012 年 FY-3 晴空遥感数据，建立不同年份的橡胶周年生长植被指数变化曲线和海南橡胶气象灾害损失等级标准，并基于提取的橡胶专题信息、橡胶长序列植被指数集以及前期工作探索的长势监测评估建模技术方法，建立了海南岛橡胶长势监测系统，该系统可为海南省天然橡胶种植区域橡胶长势变化的遥感动态监测提供数据、软件和技术支撑（车秀芬等，2014）。

参考文献

蔡海滨，华玉伟，胡彦师，等.2011. 国家橡胶树种质资源大田鉴定圃2011年"纳沙"台风风害调查 [J]. 热带农业科学，31（12）：49-56.

长征农场.1972. 对海南中部山区抗风栽培问题的看法 [J]. 橡胶热作科技资料（试刊），（6）.

车秀芬，张京红，刘少军，等.2014. 海南岛橡胶长势监测系统建设 [J]. 气象研究与应用，35（1）：46-49.

陈汇林，陈小敏，陈珍莉，等.2010. 基于MODIS遥感数据提取海南橡胶信息初步研究 [J]. 热带作物学报，31（7）：1181-1185.

陈尚莫，黄寿波，温福光.1988. 果树气象学 [M]. 北京：气象出版社，102-103.

陈小敏，陈汇林，陶忠良.2013.2008年初海南橡胶寒害遥感监测初探 [J]. 自然灾害学报，22（2）：24-28.

陈瑶，谭志坚，樊佳庆，等.2013. 橡胶树寒害气象等级研究 [J]. 热带农业科技，36（2）：7-11.

程儒雄，张华林，贺军军，等.2014. 两广植胶区橡胶树寒害情况分析及抗寒对策 [J]. 农业研究与应用，（1）：74-77.

崔玉叶.2013. 环保橡胶增塑剂NAP在全钢载重子午线轮胎胎侧胶中的应用 [J]. 橡胶空间市场，16-22.

邓军，林位夫，林秀琴.2008. 橡胶树高产高效栽培影响因素与关键技术 [J]. 耕作与栽培，3：51-57.

方天雄.1985. 影响河口橡胶产量的气候因子分析 [J]. 云南热作科技，02：13-15.

符方雄.2009. 海南农垦橡胶树风灾保险分析 [J]. 中国热带农业，5：16-17.

符史辉.1982. 海南岛各县的主要气象因子与橡胶树单位面积产量的关系 [J]. 热带农业科学，（3）：31-33.

符晓虹，郑育群.2014. 海南橡胶的气象灾害分析 [J]. 气象研究与应用，35（3）：54-57.

广东省保亭热作所，广东省通什农垦局.1981.8105号强台风橡胶风害调查报告 [J]. 热带作物科技，（6）.

海南行政区公署农业区划委员会，海南岛热带农业区划综合考察队.1982. 海南岛农业区划报告集 [M]. 海南，65-78.

何康，黄宗道．1987．热带北缘橡胶树栽培 [M]．广州：广东科技出版社，61-82．

贺军军，程儒雄，李维国，等．2009．广东广西垦区天然橡胶种植概况 [J]．广东农业科学，8：62-64．

华南热带作物学院编．1991．热带植物育种学 [M]．北京：农业出版社，31．

黄明祖．2008．橡胶气象服务前景可观 [J]．气象研究与应用，29（z2）：81-83．

黄文龙，陈瑶．2001．低温寒害次年的气候特点及其对橡胶生产的影响 [J]．云南热作科技，24（3）：10-13．

黄宗道，郑学勤，郝永路．1980．对我国热带、南亚热带植胶区的评价——合理开发热带、南亚热带自然资源，加速建设以橡胶为主的热作生产基地 [J]．热带作物学报，1（1）：2-15．

江爱良．1983．橡胶树北移的几个农业气象学问题 [J]．农业气象，01：9-21．

江爱良．1995．云南南部、西南部生态气候和橡胶树的引种 [J]．中国农业气象，16（5）：26-31．

江爱良．2003．青藏高原对我国热带气候及橡胶树种植的影响 [J]．热带地理，23（3）：199-203．

阚丽艳，谢贵水，陶忠良，等．2009．海南岛 2007/2008 年冬橡胶树寒害情况浅析 [J]．中国农学通报，25（10）：251-257．

李湘云，谭志间，凌升海．2010．基于 GIS 的西双版纳天然橡胶气象信息服务系统 [J]．气象科技，38（1）：141-144．

李亚飞，刘高焕，黄羽．2011．基于 HJ-1CCD 数据的西双版纳地区橡胶林分布特征 [J]．中国科学：信息科学，41（z）：166-176．

李智全．2006．"达维"台风对海南垦区橡胶生产的影响分析及对策 [C]．中国热带作物学会天然橡胶专业委员会学术交流会论文集，87-106．

林福金，黄卓泉．1991．对云南东部垦区低温与橡胶树寒害的再认识 [J]．云南热作科技，14（1）：4-11．

刘金河．1982．巴西橡胶树的水分状况与生长和产胶量的关系 [J]．生态学报，2（3）：217-224．

刘少军，高峰，张京红，等．2010．地形对橡胶风害的影响分析 [J]．气象研究与应用，31（S2）：228-229．

刘少军，张京红，蔡大鑫，等．2014．台风对天然橡胶影响评估模型研究 [J]．自然灾害学报，23（1）：155-160．

刘少军，张京红，何政伟．2010．基于面向对象的橡胶分布面积估算研究 [J]．广东农业科学，1：168-170．

刘绍凯，许能锐 . 2008. 寒害对海南西庆农场橡胶林的影响与防害措施［J］. 林业科学，44
　（11）：161–163.

刘晓光，李光辉，张慧坚，等 . 2012. 海南省主要热带作物灾害脆弱性评价及影响因素分
　析——以天然橡胶种植业为例［J］. 广东农业科学，6：221–223.

罗家勤，钟华洲，等 . 1992. 9207 号强台风对橡胶无性系的风害调查简报［J］. 热带作物科技，
　（6）：80–81.

孟丹 . 2013. 基于 GIS 技术的滇南橡胶寒害风险评估与区划［D］. 南京：南京信息工程大学，
　13–21.

农牧渔业部热带作物区划办公室 . 1989. 中国热带作物种植业区划［M］. 广州：广东科技出版
　社，82–97.

潘亚茹，高素华 . 1988. 带有周期分量的多元逐步回归在橡胶寒害趋势分析中的应用［J］. 热
　带气象，4（4）：335–340.

邱志荣，刘霞，王光琼，等 . 2013. 海南岛天然橡胶寒害空间分布特征研究［J］. 热带农业科
　学，33（11）：67–69.

全国天然橡胶优势区域布局规划（2008—2015）（摘选）［J］. 农村实用技术，政策资讯，农
　业部 . 2014，02：8.

侍慧宇 . 2009. 基于 WebGIS 的海南橡胶资源信息系统研究［D］. 重庆：西南大学，44–57.

覃姜薇，余伟，蒋菊生，等 . 2009. 2008 年海南橡胶特大寒害类型区划及灾害重建对策研究
　［J］. 热带农业工程，33（1）：25–28.

王秉忠，黄金城，丘金裕，等 . 1986. 海南岛中风害区山地橡胶树（台）风害规律及防护林营
　造技术的研究［J］. 热带作物学报，7（1）：36–53.

王秉忠 . 2000. 橡胶栽培学（第 3 版）［M］. 儋州：华南热带农业大学出版社，55–63.

王龙，王涓，白建相 . 2009. 云南河口地区 2007/2008 年橡胶树寒害普查报告［J］. 热带农业科
　技，32（1）：11–14.

王树明，陈积贤，白建相，等 . 2005. 云南东部垦区 2004/2005 年橡胶树寒害调查报告［J］. 热
　带农业科技，28（4）：22–26.

王树明，付有彪，邓罗保，等 . 2011. 云南河口 1953 年植胶以来气候变化与橡胶树寒害初步分
　析［J］. 热带农业科学，31（10）：87–91.

王树明，钱云，兰明，等 . 2008. 滇东南植胶区 2007/2008 年冬春橡胶树寒害初步调查研究
　［J］. 热带农业科技，31（2）：4–8.

王祥军，金琰 . 2013. 国内外天然橡胶种植情况分析［J］. 热带农业工程，37（6）：32–35.

王缵玮，范宝光，等 . 1990. 海南金波地区 1989 年橡胶树风害调查报告［J］. 热带作物科技，
　（6）：29–32.

韦优，韦持章，周靖，等 . 2011. 广西天然橡胶种植现状与发展对策［J］. 农业研究与应用，
　　2：50-53.

魏宏杰，杨琳，莫业勇 . 2009. 海南农垦橡胶树风害损失分布函数的建模研究［J］. 现代经济，
　　8（2）：9-11.

温福光，陈敬泽 . 1982. 对橡胶寒害指标的分析［M］. 气象，33.

徐广泽 . 1964. 抗风栽培技术商榷［J］. 海南农垦技术，（1）：15.

徐其兴 . 1988. 温度、热量与橡胶产量的关系及橡胶树北移的温度指标分析［J］. 广西热作科
　　技，01：9-16.

余凌翔，朱勇，鲁韦坤，等 . 2013. 基于 HJ_ 1CCD 遥感影像的西双版纳橡胶种植区提取［J］.
　　中国农业气象，34（4）：493-497.

余伟，张木兰，麦全法，等 . 2006. 台风"达维"对海南农垦橡胶产业的损害及所引发的对今
　　后产业发展的思考［J］. 热带农业科学，26（4）：41-43.

俞花美，吴季秋，肖明，等 . 2011. GIS 技术在作物生态适宜性评价及其在橡胶种植业中的应用
　　［J］. 热带生物学报，2（3）：277-281.

张慧君，华玉伟，徐正伟，等 . 2014. 巴西橡胶树产胶量与气象因子的关系［J］. 热带农业科
　　学，34（3）：1-3.

张京红，陶忠良，刘少军，等 . 2010. 基于 TM 影像的海南岛橡胶种植面积信息提取［J］. 热带
　　作物学报，31（4）：661-665.

张京红，陶忠良，刘少军，等 . 2012. 采用可拓学方法进行热带橡胶林风害影响评估——以
　　1108 号强热带风暴"洛坦"为例［J］. 热带作物学报，33（5）：945-949.

张京红，张明洁，刘少军，等 . 2014. 风云三号气象卫星在海南橡胶林遥感监测中的应用［J］.
　　热带作物学报，35（10）：2059-2065.

张莉莉 . 2012. 基于 GIS 的海南岛橡胶种植适宜性区划［D］. 海口：海南大学，5-28.

张明洁，张京红，刘少军，等 . 2014. 基于 FY-3A 的海南岛橡胶林台风灾害遥感监测——以
　　"纳沙"台风为例［J］. 自然灾害学报，23（3）：1-7.

张忠伟 . 2011. 基于 RS 与 GIS 的海南岛台风灾害对橡胶影响的风险性评价研究［D］. 海口：海
　　南师范大学，9-35.

郑启恩，符学知 . 2009. 橡胶树寒害的发生及预报措施［J］. 广西热带农业，（1）：29-30.

中国热带农业科学院，华南热带农业大学 . 1998. 中国热带作物栽培学［M］. 北京：中国农业
　　出版社，281-284.

周芝锋 . 2006. 登陆海南岛的热带气旋特征及其对海南垦区橡胶生产的影响［C］. 中国气象学
　　会 2006 年年会论文集，667-671.

2 全球天然橡胶树种植的潜在气候适宜区预测

　　天然橡胶是国防和经济建设不可或缺的战略物资和稀缺资源，橡胶树是最主要的原料供应植物（张箭，2015a）。橡胶树原产于亚马逊河流域，属典型的热带雨林树种（江爱良，1983）。英国人威克汉姆于1876年移植到热带地区锡兰的植物园，并以锡兰为辐射源，橡胶栽培渐渐移植到亚洲、非洲、大洋洲等适宜区域（张箭，2015b）。截至2014年，全球已有63个国家生产天然橡胶（莫业勇，2014）。预测物种的实际分布和潜在分布时，常采用生态位模型（张海涛等，2016），主要的模型有CLIMEX生物种群生长模型（SUTHERST et al.，1985；WOMER，1988）、最大熵模型MaxEnt（PHILLIPS et al.，2006，2008）、BIOCLIM模型（FISCHER et al.，2001；邵慧等，2009）、GARP、DOMAIN模型（张海涛等，2016）等。在模型的精度方面，普遍认为最大熵模型MaxEnt的精度较高。如Elith等（2006）、雷军成等（2015）利用来自全球6个地区的4个生物类群226种物种的分布数据，比较了包括广义线性模型、规则集遗传算法和最大熵在内的16种物种分布模型的表现，MaxEnt模型的预测效果总体上要优于其他模型。张海涛等（2016）用MaxEnt、BIOCLIM、GARP和DOMAIN 4种生态位模型预测了福寿螺在中国的潜在适生区，指出MaxEnt模型的模拟准确度最高。气候资源是满足橡胶树生长的基本需求，气候是影响植物地理分布的重要因素之一（吴建国等，2012；王欢等，2015）。针对橡胶适宜性评价，不同的研究者也采用不同的气候指标组合开展了研究（王菱，1987；王利溥，1989；中国农林作物气候区划协作组，1987；张莉莉，2012；苏文地等，2014；齐福佳等，2014；ARSHAD et al.，2013；刘少军等，2015，2016）。目前，关于全球范围内橡胶树气候特征和潜在适宜区的报道较少。为此，本研究试图基于全球气候数据和橡胶树的地理分布信息，利用最大熵模型预测全球橡胶树种植的空间分布，以期对天然橡胶树的引种或栽培提供指导。

2.1 数据和方法

数据：橡胶树样本数据来源于全球生物多样性网站、中国数字植物标本馆、国内外公开发表的相关论文和实地考查数据等共 141 条，并将所有橡胶树分布点的坐标信息输入 Google Earth 上加以确认，保证其正确性。气候数据来自网站，该数据库收集了 1950—2000 年全球各地气象站记录的气象信息，包括 19 个降水量和温度的衍生因子。根据项目组前期研究结果（刘少军等，2015，2016），明确了影响橡胶树种植的 5 个主导气候因子（最冷月平均温度、极端最低温度平均值、月平均温度不小于 18℃月份、年平均气温、年平均降水量）。本研究对收集的全球数据集（1950—2000 年）进行整理，通过 ArcGIS 10.1 空间分析工具，处理并得到以上 5 种数据集。

方法：全球天然橡胶树种植的适宜区预测采用 MaxEnt 模型 3.3.3k 版。根据 MaxEnt 模型运行的需求，将最冷月平均温度、极端最低温度平均值、月平均温度不小于 18 ℃月份、年平均气温、年平均降水量 5 个因子转换为 ASCII 文件，坐标系为 WGS-84，作为环境变量输入到最大熵模型；将全球橡胶树种植分布信息点数据按经度和纬度顺序储存成 csv 格式的文件，作为训练样本输入到最大熵模型。选取 75%的橡胶树种植分布点作为训练集，25%的分布点作为验证集，采用受试者特性曲线（ROC）分析法进行模型精度检验，模型运算结果的训练集和验证集 AUC 值分别为 0.979 和 0.963，表明所构建的模型的预测精度达到了"非常好"标准（车乐等，2014），因此，最大熵模型可以用于预测天然橡胶树种植区范围。

2.2 结果与分析

1）基于 MaxEnt 模型预测全球橡胶树种植潜在区域

考虑到气候资源不同保证率（a）以及影响全球橡胶树种植分布的 5 个主导气候因子，本研究取 70%保证率为橡胶树适宜种植区域，则某地可安全种植橡胶树的概率拟为适宜气候条件下的 $0.7^5 = 0.168$。根据橡胶树种植信息与气候关系的最大熵模型给出橡胶在待预测区的存在概率，根据概率的大小，可划分出潜在的气候适宜区。从图 2-1 中可以看出，全球橡胶树种植潜在区域主要分布在亚洲、非洲、美洲和大洋州。

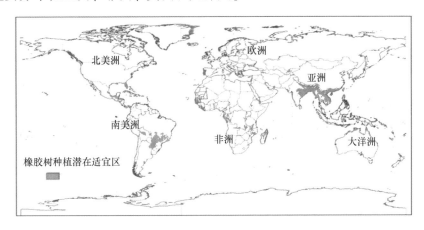

图 2-1　预测全球橡胶树种植适宜区分布

亚洲适宜种植橡胶树的区域有中国、泰国、印度、斯里兰卡、菲律宾、越南、缅甸、孟加拉、马来西亚、文莱、巴布亚新几内亚、柬埔寨、老挝、印度尼西亚、尼泊尔、东帝汶。

非洲适宜种植橡胶树的区域有马达加斯加的北部、莫桑比克的中部、坦桑尼亚中的南部、马拉维的西部、赞比亚的北部、安哥拉西北、赤道几内亚、刚果的西南部、肯尼亚的西部、埃塞俄比亚的西部、中非的西部、喀麦隆的西部、尼日利亚的南部、加蓬、多哥、加纳的南部、科特迪瓦、利比里亚的西部、乌干达的南部。

北美洲适宜种植橡胶树的区域有美国的南部、牙买加、洪都拉斯、哥斯达黎加、巴拿马、危地马拉、多米尼加、多巴哥和特立尼达、伯利兹、萨尔瓦多、墨西哥、尼加拉瓜、瓜德罗普岛。

南美洲适宜种植橡胶树的区域有秘鲁的中部、巴西南部及东部沿海区域、阿根廷的西北部、玻利维亚的中部、巴拉圭的南部、哥伦比亚的西北部、委内瑞拉的南部和西北部、厄瓜多尔、圭亚那的西部。

大洋洲适宜种植橡胶树的区域有澳大利亚的北部及东部沿海局部区域、

巴布亚新几内亚、新喀里多尼亚、斐济等。

2）全球橡胶树种植现状

目前，巴西的天然橡胶树种植与生产占有绝对优势（曾霞等，2014）。1870年末，巴西三叶橡胶树（简称橡胶树）经英国引种到东南亚地区，并迅速发展。根据国际橡胶研究小组的历史统计数据，东南亚地区1900年的天然橡胶产量占全球的1%，1910年占全球的11%，1921年达到90%。1941年为97%。第二次世界大战期间，澳大利亚北部、热带非洲以及中南美洲等国家和地区开始发展天然橡胶。截至2012年，世界橡胶树种植面积达1 272×10^4 hm^2，其中印度尼西亚植胶面积居世界第一，泰国第二，马来西亚与中国相近，并列第三，越南第五，印度第六，前六国植胶面积约占世界种植总面积的72%（曾霞等，2014）。根据莫业勇（2014）的统计，全球目前有63个国家生产天然橡胶（图2-2）。从宏观上来看，通过MaxEnt模型预测全球橡胶树种植潜在区域（图2-1）与实际统计的橡胶种植区域分布（图2-2）的对比分析，可以看出预测的潜在适宜区出现在亚洲、非洲、美洲、大洋洲，与目前全球橡胶树种植实际区域整体一致。

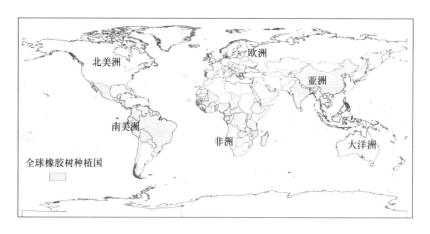

图2-2　2010年世界天然橡胶生产国

目前，东南亚是天然橡胶的主产区，其中泰国、印度尼西亚和马来西亚的产量分别为370×10^4 t、326×10^4 t和95×10^4 t，占全球产量的66%（曾霞等，2014）。为此，根据Li等（2012）利用MODIS卫星数据提取的东南亚橡胶树种植的对比分析，可以看出，通过 MaxEnt 模型预测全球橡胶树种植潜在区域与实际种植情况一致（图 2-3）。

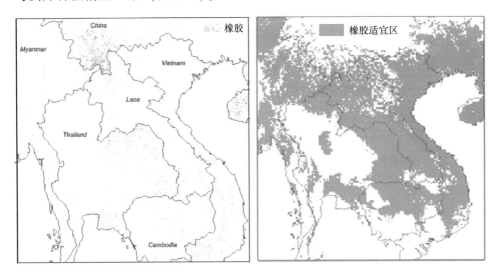

图 2-3 遥感监测东南亚橡胶产区（左，2012）与预测橡胶种植潜在区域（右）对比

2.3 结论与讨论

决定植物分布的控制因子有能忍受的最低温度、生长季热量、水分供应 3 类（段居琦等，2012）。橡胶树生长发育的温度指标以平均气温计量：10 ℃ 时细胞可进行有丝分裂，15 ℃ 为组织分化的临界温度，18 ℃ 为正常生长的临界温度，20~30 ℃ 为适宜生长和产胶温度，其中，26~27 ℃ 时橡胶树生长最旺盛。适宜橡胶树生长和产胶的降水指标，以年降雨量在 1 500 mm 以上为宜。年降雨量在 1 500~2 500 mm，相对湿度 80% 以上，年降雨日大于 150 d，最适宜于橡胶树的生长和产胶。年降雨量大于 2 500 mm，降水日数过多，不利于割胶生产，且病虫害易流行。一般认为月降雨量大于 100 mm，月降雨日大于 10 d 适宜橡胶树生长；月降雨量大于 150 mm 最适宜生长（中国热带农业科学院，华南热带农业大学，1988）。徐其兴（1988）提出的生产性植胶温度北界指标为最冷月平均温度和极端最低温度平均值。本研究在前期研究基础上（刘少军等，2015，2016），基于最大熵模型，充分考虑了 5 个

影响因子（最冷月平均温度、极端最低温度平均值、月平均温度不小于18℃月份、年平均气温、年平均降水量）的内在相互作用，得到了全球橡胶树种植潜在适宜区。通过对比分析，结果显示模型预测的橡胶树种植分布区与实际分布区基本吻合。更加客观反映了橡胶树种植的潜在空间分布，对合理选择有利的地理位置开展橡胶生产具有一定的指导意义。

为了保证 MaxEnt 预测结果更为准确，需要具备两个条件：①需要一定数量的代表性橡胶分布点的位置信息；②需要影响橡胶树种植分布的关键环境变量（曾辉等，2008）。由于本研究收集的橡胶树种植的样本有限，分布数据大部分只精确到国家层面，未对各国具体位置进行详细的验证工作；同时对区域内的气象灾害未考虑在列，对适宜区等级的划分有待进一步的研究。

通过对全球气候数据及已有橡胶树种植信息的汇总，基于 MaxEnt 模型和 ArcGIS 空间分析，给出了全球橡胶树种植的适宜气候分布区域，可为进一步开展全球橡胶树种植区划提供参考。

参考文献

车乐，曹博，白成科，等.2014. 基于 MaxEnt 和 ArcGIS 对太白米的潜在分布预测及适宜性评价［J］. 生态学杂志，33（6）：1623-1628.

段居琦，周广胜.2012. 中国单季稻种植北界的初步研究［J］. 气象学报，70（5）：1166-1172.

江爱良.1983. 橡胶树北移的几个农业气象学问题［J］. 农业气象，5（1）：9-21.

雷军成，徐海根，吴军，等.2015. 气候变化情景下物种适宜生境预测研究进展［J］. 四川动物，34（5）：794-800.

刘少军，房世波.2015. 海南岛天然橡胶气候适宜性及变化趋势分析——以第一蓬叶生长期为例［J］. 农业现代化研究，（6）：1062-1066.

刘少军，周广胜，房世波，等.2015. 未来气候变化对中国天然橡胶种植气候适宜区的影响［J］. 应用生态学报，26（7）：2083-2090.

刘少军，周广胜，房世波.2015. 中国橡胶树种植气候适宜性区划［J］. 中国农业科学，48（12）：2335-2345.

刘少军，周广胜，房世波.2016. 中国橡胶种植北界初步研究［J］. 生态学报，36（5）：1272-1280.

莫业勇．2014. 全球有 60 多个国家生产天然橡胶［J］. 中国热带农业，（5）：75-76.

齐福佳，邱彭华，吴晓涛，等．2014. 基于 GIS 的临高县橡胶种植土地适宜性评价［J］. 林业
　　资源管理，（1）：114-119.

邵慧，田佳倩，郭柯，等．2009. 样本容量和物种特征对 BIOCLIM 模型模拟物种分布准确度的
　　影响——以 12 个中国特有落叶栎树种为例［J］. 植物生态学报，33（5）：870-877.

苏文地，张培松，罗微．2014. 基于主成分分析的橡胶种植适宜性评价——以海南省儋州市为
　　例［J］. 热带农业科学，34（3）：69-75.

王欢，李慧，曾凡琳，等．2015. 黄花蒿空间分布及全球潜在气候适宜区［J］. 中药材，38
　　（3）：460-466.

王利溥．1989. 橡胶树气象［M］. 北京：气象出版社，230.

王菱．1987. 我国橡胶树生长北界的地理环境评价［J］. 资源科学，11（2）：54-61.

吴建国，周巧富．2012. 中国嵩草属植物地理分布模式和适应的气候特征［J］. 植物生态学报，
　　36（3）：199-221.

徐其兴．1988. 温度、热量与橡胶产量的关系及橡胶树北移的温度指标分析［J］. 广西热带农
　　业，1（1）：9-16.

曾辉，黄冠胜，林伟，等．2008. 利用 MaxEnt 预测橡胶南美叶疫病菌在全球的潜在地理分布
　　［J］. 植物保护，34（3）：88-92.

曾霞，郑服丛，黄茂芳，等．2014. 世界天然橡胶技术现状与展望［J］. 中国热带农业，（1）：
　　31-35.

张海涛，罗渡，牟希东，等．2016. 应用多个生态位模型预测福寿螺在中国的潜在适生区［J］.
　　应用生态学报，27（4）：1277-1284.

张箭．2015a. 试论中国橡胶（树）史和橡胶文化［J］. 中国农史，34（4）：72-81.

张箭．2015b. 世界橡胶（树）发展传播史初论［J］. 中国农史，34（3）：3-16.

张莉莉．2012. 基于 GIS 的海南岛橡胶种植适宜性区划［M］. 海口：海南大学．

中国农林作物气候区划协作组．1987. 中国农林作物气候区划［M］. 北京：气象出版社，205.

中国热带农业科学院，华南热带农业大学．1998. 中国热带作物栽培学［M］. 北京：中国农业
　　出版社．

ARSHAD A M，ARMANTO M E，ADZEMI A F．2013. Evaluation of climate suitability for rubber
　　(*Hevea brasiliensis*) cultivation in Peninsular Malaysia［J］. Journal of Environmental Science and
　　Engineering，2（5）：293-298.

ELITH J，GRAHAM C H，ANDERSON R P，et al. 2006. Novel methods improve prediction of spe-
　　cies' distributions from occurrence data［J］. Ecography，29（2）：129-151.

FISCHER J，LINDENMAYER D B，NIX H A，et al. 2001. Climate and animal distribution：A climatic analysis of the Australian marsupial Trichosurus caninus ［J］. Journal of Biogeography，28（3）：293-304.

LI Z，FOX J M. 2012. Mapping rubber tree growth in mainland Southeast Asia using time-series MODIS 250 m NDVI and statistical data ［J］. Applied Geography，32（2）：420-432.

PHILLIPS S J，ANDERSON R P，SCHAPIRE R E. 2006. Maximum entropy modeling of species geographic distributions ［J］. Ecological Modelling，190（3-4）：231-259.

PHILLIPS S J，DUDIK M. 2008. Modeling of species distributions with Maxent：New extensions and a comprehensive evaluation ［J］. Ecography，31（2）：161-175.

SUTHERST R W，MAYWALD G F. 1985. A computerized system for matching climates in ecology ［J］. Agri Ecosystems and Environ，13：281-299.

WOMER S P. 1988. Ecoclimatic assessment of potential establishment of exotic pests ［J］. Journal of Economic Entomology，81（4）：973-983.

3　中国橡胶树种植北界

橡胶树原产于巴西，具有喜温怕寒、喜微风怕强风以及喜湿润等生态习性（江爱良，1983）。中国在 1904 年开始引种橡胶树，但直到 20 世纪 50 年代初才开始尝试在北纬 18°~24°地区大面积种植橡胶树（李国华等，2009），目前橡胶树种植已经从海南岛发展到北纬 20°以北的广西、云南、广东、福建等地，修正了北纬 17°以北不能植胶的传统论断。1982 年，中国宣告种植橡胶树北移成功，并建立了以海南岛、西双版纳为主的橡胶生产基地，同时在接近北纬 25°南亚热带的一些地区也植胶成功（徐其兴，1988）。由于中国橡胶种植区属于非传统种植区，气候因子是影响橡胶种植的关键因素之一（李国尧等，2014），决定橡胶树北移成败的关健是能否避免寒害和风害（江爱良，1983）。研究表明（王菱，1987），橡胶树的抗寒性是确定其种植北界的生物学因素。徐其兴（1988）认为，橡胶树北移的主要限制因素是由最冷月平均温度与极端低温共同构成的越冬条件，并确定了橡胶树生产性植胶温度北界指标为最冷月平均温度大于 14 ℃，极端最低温度平均值大于 3 ℃。自 20 世纪 80 年代开始，中国针对橡胶树的种植适宜性开展了许多区划研究，直接或间接探讨了橡胶树种植的北界（王菱，1987；中国农林作物气候区划协作组，1987；王利溥，1989）。这些研究成果有力地促进了中国橡胶树种植业的发展，橡胶生产逐步向气候条件适宜、效益较高的优势区域集中，区域布局日趋合理，已基本形成了海南、云南、广东三大橡胶生产优势区。

尽管如此，以气候变暖为标志的全球环境变化已经严重地影响了全球和区域的温度与降水的变化趋势与格局，也必将影响橡胶林种植制度。已有关于中国橡胶林种植制度的相关知识受制于早期的气候数据和气象站点数量，特别是影响橡胶林种植气候因子选取的主要还是基于实践经验，没有考虑各气候影响因子对橡胶林种植的综合影响，影响着中国橡胶林种植界限及适宜性的准确评估，制约着中国橡胶林种植规划及其应对气候变化决策的制定。

为此，本研究试图基于 1981—2010 年的气象资料和橡胶的地理分布信息，利用最大熵模型构建中国橡胶的分布与气候因子的关系模型，明确影响中国橡胶种植的主导气候因子，探讨中国橡胶树的种植北界，为中国橡胶林种植规划及科学应对气候变化提供决策依据。

3.1 数据和方法

数据：1981—2010 年气候标准年的中国地面气象逐日数据来源于中国气象局国家气象信息中心，包括温度、降水、风速、辐射等要素。台风灾情数据 1981—2010 年影响中国的台风灾害数据库。中国橡胶林地理分布数据来自中国数字植物标本馆（61 条）、国内外公开发表的相关论文（3 条）和实地考查数据（32 条）等，共 106 条（时间段：1954—2009 年）（图 3-1）。中国国界、省界和县界行政区划图来源于国家基础地理信息网站提供的 1：400 万基础地理信息数据（http：//ngcc. sbsm. gov. cn/）。

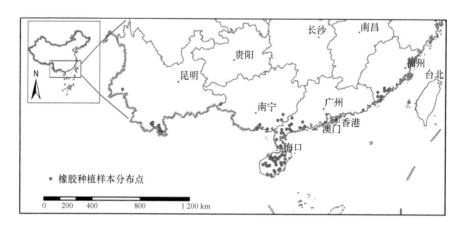

图 3-1 中国橡胶种植分布点

　　方法：橡胶树种植北界确定主要是通过橡胶树种植的地理信息和潜在的气候因子，利用最大熵模型评价的各气候因子对橡胶林存在的贡献率，筛选并确定影响中国橡胶树种植的主导气候因子；构建中国橡胶树种植分布与气候因子的关系模型；基于构建模型给出的橡胶林存在概率，结合已有的相关研究结论（段居琦等，2012a，b；何奇瑾等，2012；齐增湘等，2011；孙敬松等，2012），确定中国橡胶树可能种植的北界（图 3-2）。

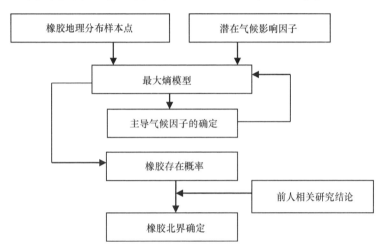

图 3-2　橡胶树种植北界确定技术流程

3.1.1　影响橡胶树种植分布的可能气候因子

　　水热因子是影响植被分布的主要因子。橡胶树生长发育的温度指标以平均气温计量：10 ℃时细胞可进行有丝分裂；15 ℃为组织分化的临界温度；18 ℃为正常生长的临界温度；20~30 ℃适宜生长和产胶；其中 26~27 ℃时橡胶树生长最旺盛。适宜橡胶树生长和产胶的降水指标，以年降水量在1 500 mm 以上为宜。年降水量 1 500~2 500 mm，相对湿度在 80%以上，年降雨日大于 150 d，最适宜于橡胶树的生长和产胶。橡胶树性喜微风，惧怕强风，在不考虑强风的影响下，当平均风速小于 1.0 m/s，对橡胶树的生长有良好效应；平均风速 1.0~1.9 m/s，对橡胶树的生长无影响；平均风速 2.0~2.9 m/s，对橡胶树的生长、产胶有抑制作用；平均风速不小于 3.0 m/s，严重抑制橡胶树的生长和产胶（中国热带农业科学院，华南热带农业大学，

1998）。影响中国橡胶树的存活以及产胶量的主要自然因素为寒潮低温与台风的强风（江爱良，2003，1997；何康等，1987）。徐其兴（1988）认为，橡胶树北移的主要限制因素是由最冷月均温与极端低温共同构成的越冬条件。因此，基于已有研究（江爱良，1997，2003；何康等，1987），选取年平均降水量、最冷月平均温度、最暖月平均温度、极端最低温度平均值、年辐射量、年平均温度、月平均气温不小于 18 ℃的月份、台风影响概率、年平均风速 9 个要素，作为影响橡胶树种植分布的可能气候因子。

3.1.2　最大熵模型

熵是一个系统具有的不确定度的量度，在信息论、统计物理、热力学等中广为应用（刘智敏，2010）。

Jaynes 于 1957 年提出了最大熵理论，最大熵模型主要是基于已有的有限信息估计未知的概率分布。最大熵统计建模是以最大熵理论为基础的一种选择模型的方法，即从符合条件的分布中选择熵最大的分布作为最优的分布。在已知条件下，熵最大的事物最接近它的真实状态。因此，最大熵模型可以对物种分类和分布进行预测（Phillipsa et al.，2006，2008）。

预测橡胶树分布北界的原理为：假设橡胶树生存条件未知，判断橡胶树在某地是否存在的最合理预测就是存在与不存在各占 50%。最大熵模型是选择最大熵的分布作为最优分布，估计具有同样环境变量的其他站点橡胶树的存在概率，根据存在概率的大小，确定橡胶树种植的可能上限（雷军成等，2010）。模 型 计 算 采 用 最 大 熵 MaxEnt 模 型 3.3.3k 版 实 现 （ http：//www. cs. princeton. edu/~schapire/maxent/）。最大熵模型具体算法见参考文献（段居琦等，2012a；邢丁亮等，2011；Phillips et al.，2008）。

3.1.3　模型精度检验

常用的模型评价指标有总体准确度、灵敏度、特异度、Kappa 统计量、TSS（true skill statistic）和 AUC（Area under curve）等（车乐等，2014）。最大熵模型的精度检验采用受试者工作特征曲线（receiver operating characteristic curve，ROC）与横坐标围成的面积即 AUC 值来评价模型预测结果的精准度，

AUC 值的大小作为模型预测准确度的衡量指标，取值范围为 ［0, 1］，值越大表示模型判断力越强（王运生等，2007）。AUC 值取 0.50~0.60 为失败，0.60~0.70 为较差，0.70~0.80 为一般，0.80~0.90 为好，0.90~1.0 为非常好（车乐等，2014）。

3.2　结果与分析

3.2.1　模型适用性检验

为了检验最大熵模型在预测橡胶树种植分布区的适用性，随机选取 75% 的橡胶分布点数据用于构建模型，剩下 25% 的橡胶分布点用于模型的验证。通过最大熵模型和 9 个可能的气候因子构建的橡胶种植分布——气候关系模型，模型运算结果的训练子集和验证子集 AUC 值分别为 0.994 和 0.989（图 3-3），表明所构建的模型的预测精度达到了"非常好"标准，可以用于预测橡胶种植区范围。

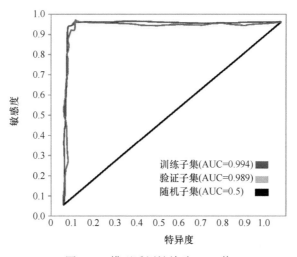

图 3-3　模型适用性检验 AUC 值

3.2.2 主导气候因子分析

将年平均降水量、最冷月平均温度、最暖月平均温度、极端最低温度平均值、年辐射量、年平均温度、月平均温度不小于 18 ℃月份、台风影响概率、年平均风速 9 个因子转换为 ASCII 文件，坐标系为 WGS-84，作为环境变量输入到最大熵模型；将 106 个橡胶种植分布信息点数据按经度和纬度顺序储存成 csv 格式的文件，作为训练样本输入到最大熵模型。由于选取的 9 个影响橡胶种植区分布的可能气候因子来源于文献的分析，其在全国层次和年尺度上的适用性及其重要性需要进行进一步评估。为此，基于中国现有橡胶种植资料及其相应的气候资料，利用最大熵模型评价所选取的各可能气候因子对橡胶林存在重要性和贡献率，筛选并确定影响中国橡胶种植的主导气候因子。

基于最大熵模型的 Jackknife 模块评价可以得到 9 个潜在气候因子的重要性排序为：最冷月平均温度>极端最低温度平均值>月平均温度≥18 ℃月份>年平均温度>年平均降水量>台风影响概率>最暖月平均温度>年辐射量>年平均风速（图 3-4）。9 个可能影响气候因子对橡胶林存在的贡献率见表 3-1。根据 9 个潜在因子的重要性和贡献率的大小（段居琦等，2012a），确定影响

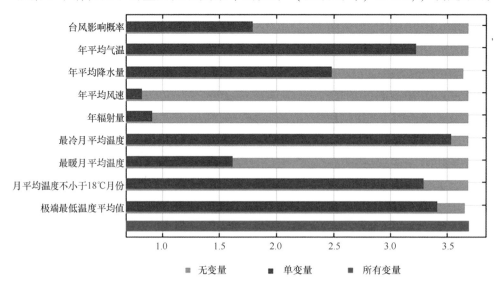

图 3-4 基于 Jackknife 的潜在气候因子对中国橡胶种植区分布的重要性

橡胶种植的主导气候因子为最冷月平均温度、极端最低温度平均值、月平均温度不小于 18 ℃ 月份、年平均温度、年平均降水量 5 个因子的累积贡献率为93.45%。这表明，橡胶树种植分布对温度有很高的要求。

表 3-1　潜在气候因子贡献率

气候因子	极端最低温度平均值	最冷月平均温度	年平均降水量	年平均风速	月平均温度不小于18℃月份	最暖月平均温度	年平均温度	年辐射量	台风影响概率
贡献率（%）	69.24	15.94	4.38	3.98	2.92	1.70	0.97	0.53	0.34

3.2.3　橡胶的种植北界

将最冷月平均温度、极端最低温度平均值、月平均温度不小于 18 ℃ 月份、年平均温度、年平均降水量 5 个主导气候因子（图 3-5）作为环境变量输入到最大熵模型，运行最大熵模型，得到了橡胶种植分布—气候关系模型，模型的 AUC 值为 0.993，表明所构建模型的预测准确性达到 "非常好" 的标准，可以用于橡胶种植空间分布的预测。

考虑到气候资源 80% 保证率以及影响中国橡胶林种植分布的 5 个主导气候因子，则某地可安全种植橡胶树的概率拟为适宜气候条件下的 $0.8^5 = 0.33$。因此，根据橡胶种植信息与气候关系的最大熵模型给出橡胶在待预测区的存在概率，可以给出 80% 气候保证率下中国橡胶树种植的北界（图 3-6）。可以看出，橡胶树种植北界主要分布在云南、广西、广东、福建境内。其中，云南的橡胶树种植北界分布在勐海—澜沧—思茅—江城一带，广西的种植北界分布在龙州—大新—抚绥—钦州—浦北—北流一带，广东的种植北界分布在粤西南部的信宜—阳春—阳江一带，及粤东部的潮阳—揭阳—丰顺—饶平一带，福建的种植北界分布在诏安—云霄—平和—龙海一带。中国橡胶树种植北界的临界条件为极端最低温度大于 0 ℃，最冷月温度大于 13 ℃，月平均温度不小于 18 ℃ 月份大于 7，年平均温度大于 20 ℃、年平均降水量大于 1 250 mm。

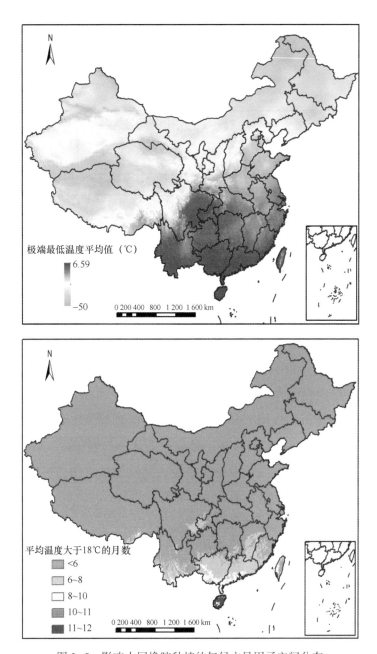

图 3-5　影响中国橡胶种植的气候主导因子空间分布

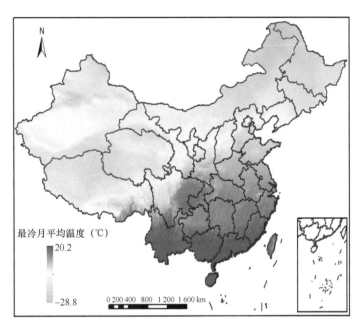

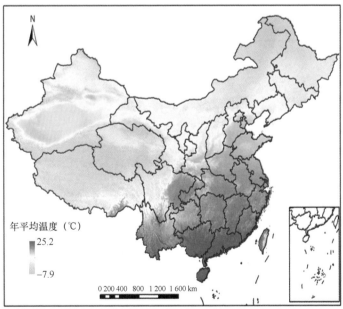

图 3-5　影响中国橡胶树种植的气候主导因子空间分布（续）

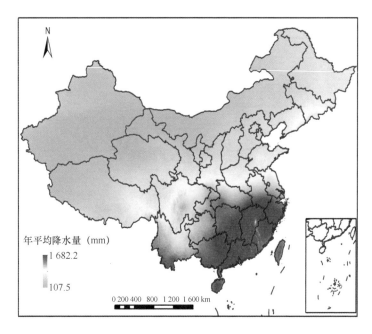

图 3-5 影响中国橡胶树种植的气候主导因子空间分布（续）

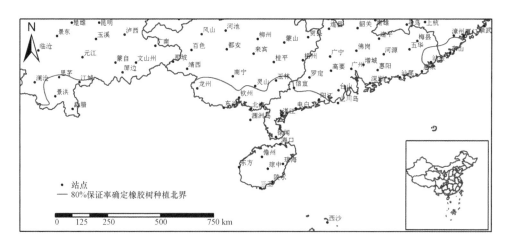

图 3-6 80%保证率下中国橡胶树种植北界

3.3　结论与讨论

关于橡胶树种植北界，不同学者按照不同的指标进行了划分，确定了不同的范围，如极端最低温度出现不大于 0 ℃概率、阴雨大于 20 d 内平均温度出现不大于 10 ℃概率、日平均温度不小于 15 ℃的活动积温、月平均温度不小于 18 ℃的月份、年平均降水量、年平均风速、不小于 10 级风出现的概率等指标（王菱，1987；中国农林作物气候区划协作组，1987；王利溥，1989；诏安县橡胶站区划组，1985）通过不同组合，进行了中国橡胶树种植的适宜度区划，划分了中国橡胶树种植的北界，但彼此间的界限均存在差异。其主要原因在于该类方法涉及到因子阈值划分和未考虑因子之间的综合作用。

根据中国农林气候区划协作组提出的中国橡胶树种植北界方法所确定的北界（中国农林作物气候区划协作组，1987）、农业部热带作物区划办公室编制的中国橡胶树种植北界（郑文荣，2014；农牧渔业部热带作物区划办公室，1989）及王利溥（1989）、王菱（1987）等的研究成果，橡胶树种植北界的分布特点是中部纬度偏低，大约位于北纬 22°以南，东部和西部纬度偏高，约在北纬 24°附近，云南潞江坝生产性植胶可达北纬 24°59′（王菱，1987）。在 80%气候保证率下最大熵模型确定的中国橡胶树种植整体趋势与已有研究确定的北界存在一定的差异。这是因为本研究给出的北界是 80%气候保证率下橡胶树稳产高产的种植北界，气候保证率低于 80%时橡胶树仍可种植，但可能会因气候波动影响其产量、甚至出现死亡。图 3-7 给出了 50%、60%、70%和 80%气候保证率下中国橡胶树的种植北界。50%气候保证率下中国橡胶树种植的北界覆盖范围最大，80%气候保证率下北界覆盖范围最小，且随着气候保证率的增加，橡胶树种植覆盖范围由北向南推移。除在云南境内和福建的少部分区域外，50%、60%和 70%气候保证率下确定的橡胶树种植北界范围均大于现有研究确定的北界（王菱，1987；中国农林作物气候区划协作组，1987；王利溥，1989；郑文荣，2014；农牧渔业部热带作物区划办公室，1989），采用 80%气候保证率下确定的橡胶树种植北界更加安全。同时，基于最大熵模型确定的中国橡胶树种植北界（80%气候保证率）与农业部热带作物区划办公室编制的中国橡胶树种植北界（郑文荣，2014；农牧渔业部热带作物区划办公室，1989）和王菱（1987）等的研究成果相比，在云南、福建和广东的东部，北界的范围偏小，但在广西境内，北界向北扩大（图3-7）。这是因为不同研究者采用的指标及其划分范围的意义不同造成的。本研究基于影响橡胶树种植的潜在气候因子筛选出了影响中国橡胶树种植的5个主导气候因子，并基于最大熵原理给出了不同气候条件下橡胶树种植的存在概率，结合橡胶稳产高产的80%气候保证率，给出的中国橡胶树种植北界，较已有研究考虑的影响因子更全面，且由于采用存在概率指标反映了各影响因子的相互作用，同时也考虑了橡胶树种植的稳定性和可持续性。进一步基于目前中国橡胶主产区实际种植范围检验橡胶树种植北界［海南省植胶现状图（$49×10^4 \text{ hm}^2$）、云南省植胶现状图（$49.13×10^4 \text{ hm}^2$）、广东省植胶现状图（$4.13×10^4 \text{ hm}^2$）（郑文荣，2014）］，采用80%气候保证率下确定的中国橡胶种植北界范围准确覆盖了3个省份的现有橡胶主产分布区，表明基于最大熵模型与80%气候保证率确定的中国橡胶树种植北界范围更符合实际情况。

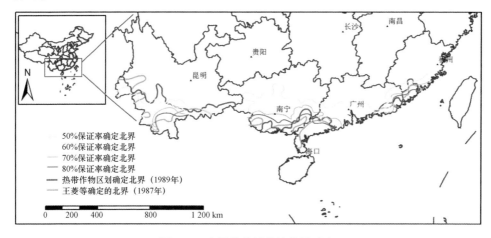

图3-7 中国橡胶树种植北界对比

物种—环境关系是研究物种生境需求和分布的重要方面（齐增湘等，2011）。决定植物分布的控制因子有能忍受的最低温度、生长季热量、水分供应等3类（段居琦，2012b）。本研究在最大熵模型的基础上，选择了年降水量、最冷月平均温度、最暖月平均温度、极端最低温度平均值、年辐射量、年平均温度（T）、月平均温度不小于 18 ℃的月份、台风影响概率、年平均风速 9 个要素，根据最大熵模型的分析，确定了在自然条件下影响橡胶树种植的主导气候因子为最冷月平均温度、极端最低温度平均值、月平均温度不小于 18 ℃月份、年平均温度、年平均降水量等。从潜在气候因子的重要性和贡献率来看，主导因子排名前 2 位的极端最低温度平均值、最冷月平均温度的总贡献率占 85.18%，与徐其兴等（1988）提出的生产性植胶温度北界指标为最冷月平均温度和极端最低温度平均值相一致，说明所选的 5 个主导气候因子能影响和决定橡胶树种植的分布。

　　本研究基于最大熵模型，在已有橡胶种植信息的基础上，采用主导因子估计具有同样环境变量的其他站点橡胶树的存在概率，通过概率的界限，确定了中国橡胶树种植北界。通过对比已有研究结果，发现基于最大熵模型确定的中国橡胶树种植北界具有一定的优势，充分考虑了各种影响因子的内在相互作用，在一定程度上克服了人为划分因子范围的干扰，更加客观反映了中国橡胶树种植的潜在空间分布，从而可以避免盲目橡胶树种植引种造成的人力、物力和财力等资源的浪费，对指导合理选择有利的地理位置开展橡胶生产具有一定的意义。同时，种植北界是在气候资源 80%保证率的前提条件下确定的，因此本研究划分的橡胶树种植北界实质上是一个橡胶稳产高产的种植北界。

　　由于本研究仅从宏观上给出了 1980—2010 年的中国橡胶树种植北界，对于在不同区域的气象灾害风险未考虑在列，对橡胶树是否在北界附近能正常生长、产胶以及不同生育期内的条件是否适宜，需要开展进一步的研究和验证，以保证橡胶树种植北界的正确性。

参考文献

车乐, 曹博, 白成科, 等 . 2014. 基于 MaxEnt 和 ArcGIS 对太白米的潜在分布预测及适宜性评价. 生态学杂志, 33（6）: 1-6.

段居琦, 周广胜 . 2012a. 中国双季稻种植区的气候适宜性研究 . 中国农业科学, 45（2）: 218-227.

段居琦, 周广胜 . 2012b. 中国单季稻种植北界的初步研究 . 气象学报, 70（5）: 1166-1172.

何康, 黄宗道. 1987. 热带北缘橡胶树栽培. 广州: 广东科技出版社.

何奇瑾, 周广胜. 2012. 我国玉米种植区分布的气候适宜性. 科学通报, 57 (4): 267-275.

江爱良. 1983. 橡胶树北移的几个农业气象学问题. 农业气象, 4 (1): 9-21.

江爱良. 1995. 云南南部、西南部生态气候和橡胶树的引种. 中国农业气象, 18 (5): 26-31.

江爱良. 1997. 中国热带东、西部地区冬季气候的差异与橡胶树的引种. 地理学报, 52 (1): 45-53.

江爱良. 2003. 青藏高原对我国热带气候及橡胶树种植的影响. 热带地理, 23 (3): 199-203.

雷军成, 徐海根. 2010. 基于 MaxEnt 的加拿大一枝黄花在中国的潜在分布区预测. 生态与农村环境学报, 26 (2): 137-141.

李国华, 田耀华, 倪书邦, 等. 2009. 橡胶树生理生态学研究进展. 生态环境学报, 18 (3): 1146-1154.

李国尧, 王权宝, 李玉英, 等. 2014. 橡胶树产胶量影响因素. 生态学杂志, 33 (2): 510-517.

刘智敏. 2010. 扩展最大熵原理及其在不确定度中的应用. 中国计量学院学报, 21 (1): 1-4.

农牧渔业部热带作物区划办公室. 1989. 中国热带作物种植业区划. 广州: 广东科技出版社.

齐增湘, 徐卫华, 熊兴耀, 等. 2011. 基于 MAXENT 模型的秦岭山系黑熊潜在生境评价. 生物多样性, 19 (3): 343-352.

孙敬松, 周广胜. 2012. 利用最大熵法 (MaxEnt) 模拟中国冬小麦分布区的年代际动态变化. 中国农业气象, 33 (4): 481-487.

王利溥. 1989. 橡胶树气象. 北京: 气象出版社, 230-230.

王菱. 1987. 我国橡胶树生长北界的地理环境评价. 自然资源, 11 (2): 54-61.

王运生, 谢丙炎, 万方浩, 等. 2007. ROC 曲线分析在评价入侵物种分布模型中的应用. 生物多样性, 15 (4): 365-372.

邢丁亮, 郝占庆. 2011. 最大熵原理及其在生态学研究中的应用. 生物多样性, 19 (3): 295-302.

徐其兴. 1988. 温度、热量与橡胶产量的关系及橡胶树北移的温度指标分析. 广西热带农业, 1 (1): 9-16.

诏安县橡胶站区划组. 1985. 诏安县橡胶生产与区划报告. 福建热作科技, 10 (3): 1-9.

郑文荣. 我国天然橡胶发展情况和产胶趋势. [2014-6-30]. http://www.docin.com/p-245944869.html.

中国农林作物气候区划协作组. 1987. 中国农林作物气候区划. 北京: 气象出版社, 205-205.

中国热带农业科学院, 华南热带农业大学. 1998. 中国热带作物栽培学. 北京: 中国农业出版社.

Jaynes ET. 1957. Information theory and statistical mechanics. Physical Review, 106 (4): 620-630.

Jiang A L. 1988. Climate and natural production of rubber (*Hevea brasiliensis*) in Xishuangbanna, southern part of Yunnan province, China. International Journal of Biometeorology, 32 (4): 280–282.

Phillips S J, Dudík M. 2008. Modeling of species distributions with Maxent: new extensions and a comprehensive evaluation. Ecography, 31 (2): 161–175.

Phillipsa S J, Anderson R P, Schapired R E. 2006. Maximum entropy modeling of species geographic distributions. Ecological Modelling, 190 (3–4): 231–259.

4 橡胶树气候适宜性及变化趋势分析

　　我国橡胶种植主要分布在海南、云南、广东、广西和福建 5 省，其中，海南是我国主要橡胶生产基地之一。截至 2011 年，海南植胶实有面积 50.14×10^4 hm^2，总产胶量 37.23×10^4 t，占全国的比重分别为 46.7% 和 49.6%（海南省统计局，2012）。在天然橡胶生产过程中，不同树龄橡胶树的叶篷物候特征有所不同，如在橡胶树苗期（树龄 1~2 a），年抽生叶篷数可以达到 5~7 篷；在橡胶树衰老期（树龄约 60 a）一般只有 2 篷；而在"初产−丰产期"的橡胶树（树龄 10~12 a），年抽生叶篷数 3 篷，时间段分别为（3—4 月、5—7 月、8—9 月），在 3—4 月为第一篷叶生成时期，约占全部总叶面积的 66%（中国热带农业科学院，华南热带农业大学，1998），第一蓬叶生长的好坏必将对橡胶产量产生影响。在气候变化的背景下，海南岛各地的平均温度、日照、降水、风速等要素均存在不同程度的变化，极端气候事件也频发（许格等，2013；唐少霞等，2008；车秀芬等，2014）。在气候适宜性模型方面：前人分别在玉米（侯英雨等，2012，2013）、茶叶（金志凤等，2014）、油菜（吴利红等，2011）、小麦（赵峰等，2003）、水稻（张建军等，2013）、柑桔（段海来等，2010）等方面建立了气候适宜度模型，关于橡胶的气候适应性评价较少。而橡胶树的生长对温度、降水、光照、风速条件均有严格的要求，气候变化是否对海南岛橡胶树的气候适宜性产生影响呢？为此，本文借鉴上述研究成果，选择"初产−旺产期"的天然橡胶树的第一蓬叶生长期为例，从温度、降水量和降水日数、日照、风速等气象要素出发，建立气候适宜性模型，开展橡胶树第一蓬叶生长期气候适宜性及其时空差异和变化趋势的分析，为海南岛天然橡胶生产的发展提供决策依据。

4.1 数据和方法

数据：海南岛 1971—2010 年 3—4 月逐日气象数据来源于海南省气象局，包括温度、降水、降水日数、日照时数、风速等。数据处理用 Microsoft Excel 2007 和 ArcGIS 9.3。

方法：由于橡胶树原产于巴西，具有喜温怕寒、喜微风怕强风以及喜湿润等生态习性。而海南岛属于非传统种植区，气候因子是影响橡胶树种植的关键因素之一。根据橡胶树栽培技术的相关要求和橡胶树生长对温度、降水、光照、风速等条件的要求，分别建立温度、降水、光照、风速适宜度函数，并在此基础上开展橡胶树综合气候适宜度评价。

4.1.1 温度适宜度函数

橡胶树生长发育的温度指标以平均气温计量。10 ℃时，细胞可进行有丝分裂，15 ℃为组织分化的临界温度，18 ℃为正常生长的临界温度，20~30 ℃为适宜生长和产胶温度，其中 26~27 ℃时橡胶树生长最旺盛。温度对农作物发育过程的影响可以用作物生长对温度条件反应函数来描述，其值在 0~1 之间，参考侯英雨等（2012）和黄璜（1996）的方法，建立橡胶树生长的温度适宜度函数，公式如下：

$$S_{(T)} = \frac{(T - T_1)(T_2 - T)^B}{(T_0 - T_1)(T_2 - T_0)^B} \tag{4-1}$$

$$B = \frac{(T_2 - T_0)}{(T_0 - T_1)} \tag{4-2}$$

式中，T 表示温度；T_1、T_2、T_0 分别为研究时间段内橡胶生长的最低温度、最高温度和最适宜温度；S_T 表示温度为 T 时的温度适宜度；B 表示最高温度和最适宜温度的差值与最适宜温度和最低温度差值之比。

4.1.2 降水适宜度函数

适宜橡胶树生长和产胶的降水指标，以年降雨量在 1 500 mm 以上为宜。

年降雨量在 1 500~2 500 mm，相对湿度在 80% 以上，年降雨日大于 150 d，最适宜橡胶树的生长和产胶。年降雨量大于 2 500 mm，降水日数过多，不利于割胶生产，且病害易流行。一般认为月降雨量大于 100 mm，月降雨日大于 10 d，适宜橡胶树的生长；月降雨量大于 150 mm 最适宜生长。在考虑月降水量和月降雨日数的情况下，参考赖纯佳等（2009）、徐玲玲等（2014）和宋秋洪等（2009）方法，建立橡胶树生长的降水适宜度函数，公式如下：

$$S_{(P)} = \left[S_{(r)} + S_{(d)} \right]/2 \tag{4-3}$$

式中，$S_{(P)}$ 表示降水适宜度；$S_{(r)}$ 为橡胶树在不同时期的降水量适宜度；$S_{(d)}$ 为橡胶在不同时期的降水日数适宜度。

其中，降水量适宜度函数为：

$$S_{(r)} = \begin{cases} R/R_1 & R < R_1 \\ 1 & R \geqslant R_1 \end{cases} \tag{4-4}$$

式中，$S_{(r)}$ 为降水量适宜度；R_1 为生育期内橡胶适宜降水量；R 为生育期内的实际降水量。

降水日数适宜度函数为：

$$S_{(d)} = \begin{cases} d/d_1 & d \leqslant d_1 \\ 1 & d_1 < d < d_h \\ d_h/d & d \geqslant d_h \end{cases} \tag{4-5}$$

式中，$S_{(d)}$ 为降水日数适宜度；d_1、d_h 分别为橡胶生育期内橡胶适宜降水日数的上限和下限；h 为橡胶生育期内实际降水日数。

4.1.3 日照适宜度函数

橡胶树要求充足的光照，在年日照时数不小于 2 000 h 的地区，橡胶树生长良好且产量较高。如光照不足，将对不同时期的橡胶生产带来一定的影响。建立的橡胶日照时数的适宜度函数如下（赵峰等，2003）：

$$S_{(S)} = \begin{cases} e^{-\left[(S-S_0)/b \right]^2} & S < S_0 \\ 1 & S \geqslant S_0 \end{cases} \tag{4-6}$$

式中，$S_{(S)}$ 为日照时数适宜度；S 为实际日照时数；S_0 为日照百分率为 55% 的日照时数；b 为常数。

4.1.4　风速适宜度函数

橡胶树性喜微风，惧怕强风，在不考虑强风的影响下，当平均风速小于 1.0 m/s 时，对橡胶树生长有良好效应；平均风速 1.0~2.0 m/s 时，对橡胶树生长无影响；平均风速大于 2.0 m/s，小于 3.0 m/s 时，对橡胶树生长和产胶有抑制作用；平均风速不小于 3.0 m/s 时，严重抑制橡胶树的生长和产胶。因此，根据橡胶树对风速的要求，建立橡胶树风速的适宜度函数（赵峰等，2003），公式如下：

$$S_{(W)} = \begin{cases} 1 & W \leqslant W_1 \\ (29/9) \times (W_h - W)/W_h & W_1 < W < W_h \\ 0 & W \geqslant W_h \end{cases} \tag{4-7}$$

式中，$S_{(W)}$ 为橡胶树在不同时期的风速适宜度；W 为实际风速；W_1、W_h 分别为橡胶树生长期内适宜风速的上限和下限。

4.1.5　橡胶树气候适宜度模型

温度适宜度、降水适宜度、日照适宜度、风速适宜度的相互作用决定橡胶树第一蓬叶生长期的生长气候适宜度，在参考侯英雨等（2012）和金志凤等（2014）文献的基础上，采用几何平均和综合乘积的方法（杜尧东等，2010），建立橡胶树第一蓬叶生长期综合气候适宜度模型，公式如下：

$$S_{(T, P, S, W)} = \sqrt[4]{S_{(T)} \times S_{(P)} \times S_{(S)} \times S_{(W)}} \tag{4-8}$$

式中，$S_{(T, P, S, W)}$ 为橡胶树第一蓬叶生长期气候适宜度，$S_{(T)}$、$S_{(P)}$、$S_{(S)}$、$S_{(W)}$ 分别为温度适宜度、降水适宜度、日照时数适宜度、风速适宜度。

4.1.6　橡胶树第一蓬叶生长期适宜度模型中各个生育指标的确定

根据橡胶树生长对温度、降水、光照、风速条件的要求，在参考《中国热带作物栽培学》、赵峰等（2003）和黄璜（1996）文献的基础上，确立了橡胶树第一蓬叶生长期适宜度模型中各个生育指标（表4-1）。

表 4-1　橡胶树第一蓬叶生长期适宜度评价指标

时　期	温度（℃）			降水（mm）	雨日（d）		日照（h）		风速（m/s）	
	T_1	T_2	T_0	R_1	d_1	d_h	S_0	b	W_1	W_h
第一蓬叶生长期	18	39	26	150	15	20	6.7	5.1	1.9	2.9

4.2　结果与分析

1）海南岛橡胶气候适宜度空间分布特征

作物-气候过程反映了气候对作物生长的适宜程度及其随时间的变化过程（侯英雨等，2013），因此，利用适宜度来综合各气候要素对橡胶生长的影响，可实现对橡胶气候适宜度定量、动态评价。

根据 4.1 节中公式，选择 1971—2010 年 3—4 月气候数据，分别计算海南岛天然橡胶树第一蓬叶生长期的温度适宜度、降水适宜度、日照适宜度、风速适宜度。

结果显示，温度适宜度在 0.82~0.96 之间，呈由北向南逐渐升高的趋势，温度适宜度的高值区分布在海南岛南部，低值区域分布在海南岛北部（图 4-1a）。降水适宜度在 0.22~0.57 之间，海南岛的西部为降水适宜度的低值区域，东部为高值区域（图 4-1b）。日照适宜度在 0.45~0.82 之间，低值区域分布在中部的保亭、北部的海口、文昌、定安、澄迈临高；高值区域分布在西部的东方、昌江和南部的三亚、陵水（图 4-1c）。风速适宜度在 0.34~0.77 之间，低值区域分布在海南岛的东北部和西部沿海区域，高值区域分布在海南岛的中部（图 4-1d）。气候适宜度在 0.41~0.68 之间，分布呈现中间高四周低的分布格局，其中琼中、白沙、屯昌、儋州的南部、五指山的北部气候适宜度高，海南岛西部的东方气候适宜度最低（图 4-1e）。

由上可知，海南岛橡胶树第一蓬叶生长期的温度适宜度比较高，主要原因是 3—4 月海南岛各地气温明显回升，平均气温为 24 ℃左右，接近橡胶树生长的最适宜温度 26 ℃。降水适宜度变化幅度比较大，主要由 3—4 月月降水量和降水日数变化所引起的，海南省各月平均降水量呈单峰型分布，1 月最少，仅 20 mm 左右，2—3 月缓慢增多，4 月接近 100 mm，9 月降水量达到

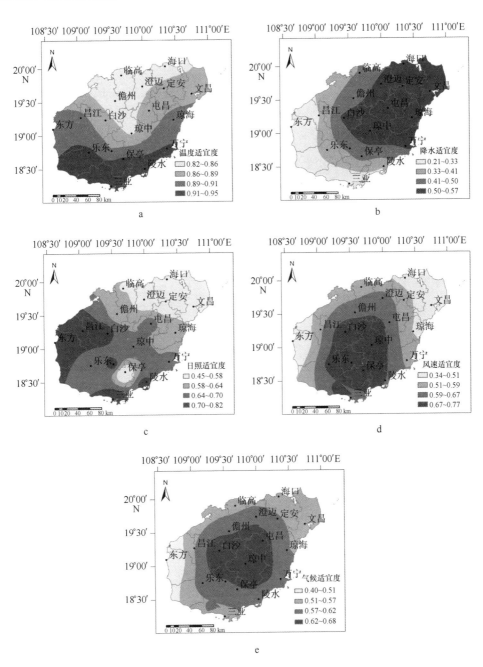

图4-1 海南岛橡胶树第一蓬叶生长期气候适宜性分布

最大，11月雨量迅速减少，至12月达到较低值（王春乙等，2014）。海南岛3—4月月平均降水日数为8~10 d，但各地降雨日数存在很大差异，如海南岛南部沿海地区3月降水日数均在5 d以下，而北部区域能达到10 d以上。日照适宜度变化比较大，3月全岛的月平均日照时数为153.4 h，4月平均日照时数为177.8 h，但在空间分布上存在很大差异，高值区域分布在海南岛的西部和南部，低值区域分布在海南岛的中部和北部。海南岛3—4月月平均风速为2.2 m/s，风速在空间分布上存在一定差异，如海南岛中部的琼中3月和4月月平均风速分别为1.7 m/s和1.6 m/s，而西部沿海的东方3月和4月月平均风速分别为4.2 m/s和4.5 m/s，由于橡胶树对风速的要求比较高，在不考虑防风林的情况下，平均风速不小于3.0 m/s时，将会影响橡胶树的生长。由于以上4个因素的共同影响和空间分布上的差异，决定了海南岛橡胶树第一蓬叶生长期气候适宜度空间分布格局。

2）海南岛橡胶气候适宜度年际变化特征

由于气候变化的影响，1971—2010年海南岛的年平均气温呈增高趋势、年降水量呈增加趋势，年降雨日（日降水量≥0.1 mm日数）呈微弱的减少趋势；年日照时数呈明显的下降趋势；年平均风速呈现弱的减小趋势。其中，海南岛3—4月月平均气温、降水、日照、风速等也发生了一定的变化，但总体上看，气候变化对橡胶树第一蓬叶生长期气候适宜性的影响较小，变化趋势不明显。

海南岛橡胶树第一蓬叶生长期温度适宜度的线性倾向率为-0.008/（10 a）~0.033/（10 a），呈由南向北逐渐增加的趋势，除海南岛南部的三亚呈弱的减小趋势外，其他区域均呈弱的上升趋势（图4-2a）。降水适宜度的线性倾向率为-0.023/（10 a）~0.042/（10 a），海南岛北部的海口、定安、澄迈，西部的东方、东部的万宁呈弱的减小趋势，其他区域呈弱的上升趋势（图4-2b）。日照适宜度的线性倾向率为-0.060/（10 a）~0.032/（10 a），海南岛中部白沙、琼中呈弱的上升趋势，其他区域呈弱的减小趋势（图4-2c）。风速适宜度的线性倾向率为-0.032/（10 a）~0.138/（10 a），海南岛的琼中、保亭、陵水、东方呈弱的减小趋势，其他区域呈弱的上升趋势（图4-2d）。气候适宜度的线性倾向率为-0.006/（10 a）~0.044 0/（10 a），除海口、万宁、保亭、陵水、东方、乐东呈弱的减小趋势，其他区域呈弱的上升趋势（图4-2e）。

4 橡胶树气候适宜性及变化趋势分析

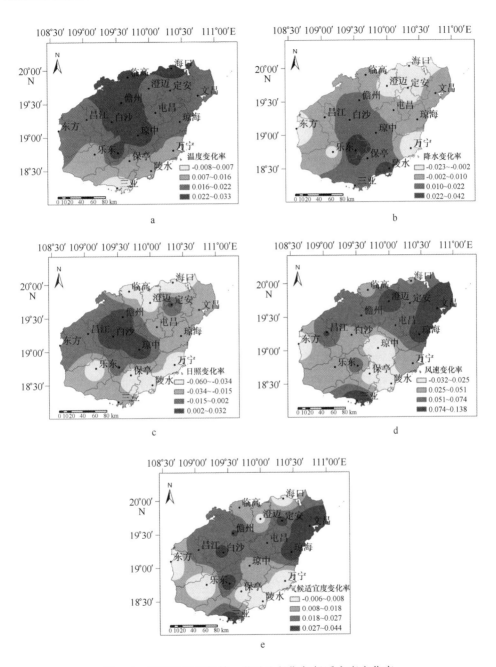

图4-2 海南岛橡胶树第一蓬叶生长期气候适宜度变化率

45

4.3 结论与讨论

在全球气候变化背景下，根据橡胶树生长的气候特征，综合考虑四大气候因子，选择温度、降水和降水日数、日照、风速等要素，建立相应的气候适宜度模型，并选择"初产－丰产期"的橡胶树（树龄约 10~12 a），开展了海南岛橡胶树第一蓬叶生长期（3—4 月）气候适宜性分析，结果表明：海南岛橡胶树第一蓬叶生长期的气候适宜性呈现中高四周低的分布格局，但总体的气候适宜度并不高，范围在 0.41~0.68 之间。

通过气候适宜度的年际变化分析可知，对于整个海南岛的橡胶树第一蓬叶生长期的橡胶而言，全岛的平均温度和降水量呈升高趋势，温度和降水量的变化对橡胶树气候适宜性产生了正效应；日降水量日数呈微弱的减少趋势和日照时数呈明显的下降趋势产生了负效应；由于橡胶树喜欢微风，平均风速呈现弱的减小趋势对气候适宜性产生了正效应。由于温度、降水和降水日数、日照、风速等要素变化的共同作用，海南岛的绝大部分区域气候适宜度呈上升的趋势，仅局部出现了适宜度下降的趋势，如海口、万宁、保亭、陵水、东方、乐东等的局部区域。总体而言，气候变化对海南岛橡胶第一蓬叶生长期的气候适宜性影响的趋势不明显。

由于橡胶树在不同生物学年龄的物候期有所不同，其中"初产－旺产期"的天然橡胶树第一蓬叶生长期，约占全部总叶面积的 66%，对橡胶产胶量具有很大影响，而且该时期一般在 3—4 月，容易受到天气气候因素的影响。而橡胶树成长发育、产量的形成与气象条件密切相关，光、温、水等气候因子直接决定了橡胶树生长发育的适宜程度，开展橡胶树气候适宜度评价，可为橡胶树生长气象条件诊断与产量分析提供决策依据。通过与海南植胶现状图（郑文荣，2014）对比分析，海南岛现有的甲等种植橡胶园大部分分布在高气候适宜值区域，说明评价的方法能从一定程度上体现第一蓬叶生长期的气候适宜度与实际情况相符。

由于不同品种橡胶树，在不同的生长期，不同的温度、降水、光照、风速等对其生长均会产生不同的影响，建立的橡胶树第一蓬叶生长期综合气候适宜度模型，可以综合反映不同要素对该时期橡胶树生长的气候适宜程度。

因此，在实际生产中要根据不同品种对温度、降水、光照、风速的需求，进行气候适宜性的综合分析，合理选择橡胶种植区域和培育新的品种，提高橡胶的产量，同时为各级政府及相关部门制定橡胶区域布局和科学规划提供参考。

由于建立的气候适宜性指标体系主要参考相关文献，缺乏实际的观测试验数据，因此评价的指标需要进一步完善，同时未能结合该时间段内的气候适宜性与减产的关系进行深入分析，未能揭示气候适宜性程度与产量变化的定量关系，需要下一步进行探讨。

参考文献

车秀芬，张京红，黄海静. 2014. 气候变化下海南岛香蕉种植气候适宜性对比 [J]. 中国农学通报，30（16）：123-130.

杜尧东，段海来，唐力生. 2010. 全球气候变化下中国亚热带地区柑桔气候适宜性 [J]. 生态学杂志，29（5）：833-839.

段海来，千怀遂，李明霞，等. 2010. 中国亚热带地区柑桔的气候适宜性 [J]. 应用生态学报，21（8）：1915-1924.

海南省统计局. 2012. 海南省统计年鉴 2012 [M]. 北京：中国统计出版社.

侯英雨，王良宇，毛留喜，等. 2012. 基于气候适宜度的东北地区春玉米发育期模拟模型 [J]. 生态学杂志，31（9）：2431-2436.

侯英雨，张艳红，王良宇，等. 2013. 东北地区春玉米气候适宜度模型 [J]. 应用生态学报，24（11）：3207-3212.

黄璜. 1996. 中国红黄壤地区作物生产的气候生态适应性研究 [J]. 自然资源学报，11（4）：340-345.

金志凤，叶建刚，杨再强，等. 2014. 浙江省茶叶生长的气候适宜性 [J]. 应用生态学报，25（4）：967-973.

赖纯佳，千怀遂，段海来，等. 2009. 淮河流域双季稻气候适宜度及其变化趋势 [J]. 生态学杂志，28（11）：2339-2346.

宋秋洪，千怀遂，俞芬，等. 2009. 全球气候变化下淮河流域冬小麦气候适宜性评价 [J]. 自然资源学报，24（5）：890-897.

唐少霞，赵志忠，毕华，等. 2008. 海南岛气候资源特征及其开发利用 [J]. 海南师范大学学报：自然科学版，21（3）：343-346.

王春乙，吴慧，邢旭煌，等 . 2014. 海南气候 [M]. 北京：气象出版社，21-23.

吴利红，娄伟平，柳苗，等 . 2011. 油菜花期降水适宜度变化趋势及风险评估 [J]. 中国农业科学，44（3）：620-626.

徐玲玲，吕厚荃，方利 . 2014. 气候变化对黄淮海地区夏玉米气候适宜度的影响 [J]. 资源科学，36（4）：782-787.

许格，郭泉水，牛树奎，等 . 2013. 近 50 a 来海南岛不同气候区气候变化特征研究 [J]. 自然资源学报，28（5）：800-809.

张建军，马晓群，许莹 . 2013. 安徽省一季稻生长气候适宜性评价指标的建立与试用 [J]. 气象，39（1）：88-93.

赵峰，千怀遂，焦士兴 . 2003. 农作物气候适宜度模型研究——以河南省冬小麦为例 [J]. 资源科学，25（6）：77-82.

郑文荣 . 我国天然橡胶发展情况和产胶趋势 [EB/OL]. http：//www. docin. com/p-245944869. html，2014-6-30.

中国热带农业科学院，华南热带农业大学 . 1998. 中国热带作物栽培学 [M]. 北京：中国农业出版社 .

5　橡胶树栽培适宜性评价

橡胶树原产巴西，是典型的热带雨林树种，喜高温高湿。受世界天然橡胶需求量增长的影响，橡胶树开始向边缘区域扩展。海南是我国橡胶树种植的主要生产基地之一，属于非传统植胶区，低温寒害和台风灾害严重影响橡胶树单产及橡胶树的经济寿命（王祥军等，2012）。由于橡胶树盲目扩张种植，导致部分新种植区产量低、抗风险能力不强。因此，合理种植橡胶树，不但可以实现农民增收、农业增效，而且对有限的耕地资源的可持续利用具有重要的意义。在橡胶树适宜性评价方面，前人已经做了大量的研究。如，吴炳孙等（2014）利用 GIS 与模糊数学模型，开展了儋州市橡胶种植用地适宜性评价；俞花美等（2011）探讨橡胶树种植生态适宜性评价的发展方向；张莉莉（2012）基于 GIS 技术开展了海南岛橡胶树种植适宜性区划研究；苏文地等（2014）基于主成分分析方法开展了海南儋州的橡胶树种植适宜性评价；齐福佳等（2014）开展了临高县橡胶树种植土地适宜性评价；唐群锋等（2014）采用耕地地力评价方法对花岗岩类多雨区橡胶园的地力进行了评价；曹阳等（2009）建立了区域橡胶树种植适宜度评估模型；欧滨等（2009）运用特尔斐和层次分析熵法确定了白沙县龙江农场的橡胶园等级；刘少军等（2015a，b，c）基于农业气候资源与农业气象灾害的综合影响，并结合模糊综合评价模型，开展中国橡胶树种植气候区划，并预测了未来气候变化对中国橡胶气候适宜性区的影响，同时开展了海南岛天然橡胶气候适宜性及变化趋势分析；Adzemi 等（2013）采用日平均最高温度，平均日最低气温，年平均降雨量，日照，最大风速，年平均相对湿度和旱季的长度开展马来西亚橡胶树气候适宜区划。中国橡胶树种植的适宜面积有限，仅依靠植胶面积的增加来提高我国天然橡胶总产量不是长远之计，实现橡胶树高产稳产，才是发展天然橡胶生产的必由之路（王大鹏等，2013）。由于橡胶树栽培与气候、土壤、地形等要素密切相关，温度、水分、光、风、土壤条件、海拔和地形条件是影响橡胶树高产高效的因素（何康等，1987），但目前橡胶适宜性评价的选择大多仅考虑了气候因素，导致评价结果较为粗放。本研究尝试从气候、地形、土壤等因子出发，开展了海南岛橡胶树栽培适宜性评价，阐明海南岛橡胶树不同的栽培适宜区域分布，以期为政府和相关部门开展橡胶树种植和规划提供参考依据。

5.1 数据和方法

5.1.1 数据

1981—2010 年气候标准年的海南岛地面气象逐日数据来源于海南省气象局，包括温度、降水、风速、辐射等要素。土壤数据来源于世界土壤数据库（Harmonized World Soil Database v 1.2，http：//www.fao.org/soils-portal/soil-survey/soil-maps-and-databases/harmonized-world-soil-database-v12/en/）。海南岛县界行政区数据来源于国家基础地理信息网站提供的 1：400 万基础地理信息数据，DEM 数据来源于 http：//srtm.csi.cgiar.org/。

5.1.2 评价指标及方法

橡胶树栽培适宜性评价主要从气候数据、DEM 数据、土壤数据中分别提取相应的气候适宜性因子、坡度影响因子、土壤质地、pH 影响因子，通过因子归一化处理后，经过 GIS 技术完成了基于气候-地形-土壤的海南岛橡胶树栽培适宜性评价图。具体流程见图 5-1。

5.1.3 评价因子

气候适宜性因子：采用最大熵 MaxEnt 模型 3.3.3k 版实现（http：//www.cs.princeton.edu/~schapire/maxent/）。具体步骤如下：基于已有的天然橡胶树种植区划范围和 106 个中国橡胶林地理分布点数据，结合天然橡胶生产区域的气候特征，确定的影响橡胶树种植的 5 个主导气候因子（最冷月平

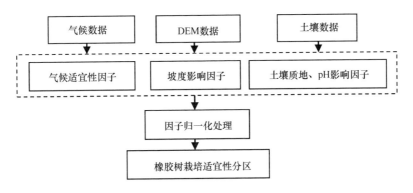

图 5-1　橡胶树栽培适宜性评价流程

均温度、极端最低温度平均值、月平均温度不小于 18℃ 月份、年平均气温、年平均降水量）（刘少军等，2015a）。将 5 个主导气候因子，作为环境因子，输入 MaxEnt 模型，最大熵模型预测结果即是橡胶树在待预测地区的存在概率，将该存在概率作为橡胶树种植的气候适宜性评价指数。

坡度影响因子：坡度和坡向对橡胶树栽培均有一定的影响（Liu et al.，2013），但由于坡位对橡胶树的影响不太清晰，本研究仅考虑坡度对橡胶树的影响（齐福佳等，2014）。坡度的提取主要通过 ArcGIS10.1 软件的 Spatial Analyst 模块实现。

土壤质地、pH 影响因子：橡胶树生产和产胶所需要的大量养分主要来自于土壤，土壤的质地、土壤 pH、土壤 TN、TP、TK 含量均对橡胶生产有影响。橡胶树的正常生长依赖于良好的土壤环境。橡胶树喜欢酸性土壤，适宜生长的土壤酸碱度在 pH4.5~5.5 之间，当土壤中 pH 小于 4.0 或大于 7.0 时，橡胶树会出现根部腐烂甚至坏死。不同胶园土壤类型、肥力相差很大，通过改善胶园土壤肥力，提高橡胶产量的幅度也不同（陈建波等，2010）。由于橡胶树种植土壤肥力主要通过人工施肥来完成，质地对土壤保肥能力和肥料的有效性具有重大影响（姚军等，1998），因此在土壤评价指标中仅选土壤质地和土壤 pH 值作为评价指标，通过 ArcGIS10.1 软件从世界土壤数据库中提取相关的图层。

5.1.4　橡胶树栽培适宜性评价指标体系

为了消除各指标的量纲和数量级的差异，采用公式（5-1）对每种指标进行归一化处理。

$$G = \frac{J_i - \min_j}{\max_i - \min_j} \tag{5-1}$$

式中，G 是指标的规范化值，J_i 是第 i 个指标值，$\max_i$，$\min_j$ 分别是指标值中的最大值和最小值。

在参考相关文献的基础上，确定了橡胶树栽培适宜性评价指标体系（表5-1）。

表 5-1　橡胶树栽培适宜性评价指标体系

适宜等级	气候适宜分级指数	影响指数	土壤质地分级指数	影响指数	土壤 pH 分级指数	影响指数	坡度分级指数（°）	影响指数
一等地	>0.60	1	壤土	1	4.5~5.5	1	0~5	1
二等地	0.32~0.60	0.8	粉砂壤土、沙壤土	0.8	5.5~6.0	0.8	5~10	0.8
三等地	0.03~0.32	0.6	砂质黏壤土	0.6	6.0~6.5 或 4.0~4.5	0.6	10~15	0.6
四等地	0.01~0.03	0.4	壤沙土、砾质壤土	0.4	6.5~7.0	0.4	15~20	0.4
五等地	<0.01	0.2	砂土、黏土	0.2	>7.0 或<4.0	0.2	>20	0.2

5.1.5　橡胶树栽培适宜性评价

采用 ARCGIS10.1 中条件函数"con"函数对各评价单元的栅格数据进行评价，得到海南岛橡胶树栽培适宜性评价值，具体公式如下：

$$P = \sum_{i=1}^{4} a_i u_i(x) \tag{5-2}$$

式中，P 为综合评价值，$u_i(x)$ 为第 i 个指标图层的隶属度，a_i 为第 i 个指标图层的权重。采用层次分析法确定各评价因子对橡胶树栽培的影响大小即权重值，采用专家打分并结合实际情况确定气候适宜性、土壤质地、土壤pH、坡度指数的权重分别为 0.3、0.15、0.15 和 0.4。将模型运算的结果划分为 3 类，分别为：高适宜区（0.8~1.0）、中适宜区（0.6~0.8）、低适宜区（0.4~0.6）、不适宜区（小于0.4）。

5.2　结果与分析

5.2.1　气候适宜性因子

　　根据 MaxEnt 模型计算的结果，对海南岛天然橡胶树种植的气候适宜性指数进行归一化处理，取值范围［0~1］，气候适宜性指数越大，表明该处适宜种植橡胶树的概率就越高。从图5-2可以看出，气候适宜性指数越大，表明该处适宜种植橡胶树的概率就越高。气候适宜性指数高值区主要分布在海南岛的儋州、乐东、白沙、保亭、万宁等；低值区分布在文昌东北部、琼中、乐东的西部、三亚南部的沿海区域。

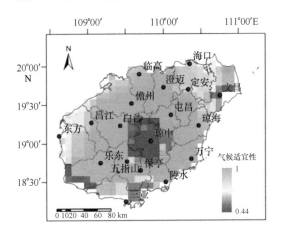

图5-2　海南岛橡胶树气候适宜性指数

5.2.2　土壤指标

　　海南岛上土壤类型有壤土、粉砂壤土、沙壤土、砂质黏壤土、壤沙土、砾质壤土。根据其对橡胶适宜的影响程度（见表5-1），从图5-3中可以看出，海南岛的土壤质地好的地段主要分布在海南岛的北部及西部沿海；低影响区域分布在白沙、乐东、五指山的局部区域。

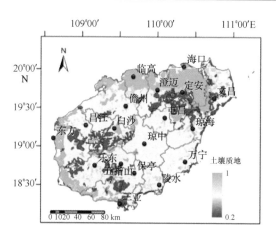

图 5-3　海南岛土壤质地影响指数

根据海南岛土壤 pH 对橡胶适宜的影响程度，从图 5-4 中可以看出，海南岛大部分区域土壤 pH 适宜种植橡胶树；仅西部沿海、海南岛北部及东部沿海的部分区域不适宜种植橡胶树。

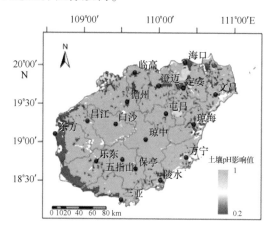

图 5-4　海南岛土壤 pH 影响指数

5.2.3　坡度因子

从图 5-5 中可以看出，海南岛中部的坡度指数较低，对橡胶树种植不利，其他区域对坡度的影响较大。

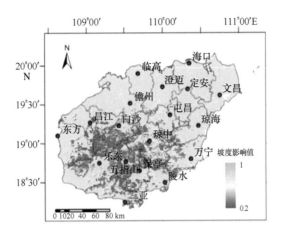

图 5-5 海南岛坡度影响指数

5.2.4 橡胶树栽培适宜性评价

根据橡胶树栽培适宜性评价因子，分别将气候适宜性、土壤质地、土壤 pH、坡度指数代入模型，计算综合指数代入公式（5-1），按照等级标准划分为高适宜区、中适宜区、低适宜区及不适宜区。从图 5-6 中可以看出，橡胶树栽培种植的高适宜区分布在儋州、昌江、文昌的西北部、琼海、万宁陵水等地；中适宜区分布在临高、澄迈、定安、文昌、屯昌等地；低适宜区分布在东方、乐东、五指山等地；少量不适宜区分布在琼中中部地区。

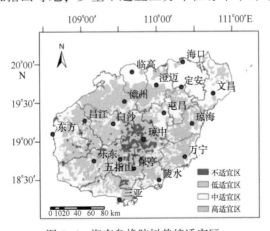

图 5-6 海南岛橡胶树栽培适宜区

5.2.5 结果的验证与分析

目前，海南省植胶现状图（4 900 km²）（郑文荣，2014）对比分析海南岛橡胶树栽培适宜性评价等级划分，可以发现评价获取的结果基本符合当前天然橡胶树的种植现状，能客观反映目前橡胶树种植的实际情况，从一定程度上说明该方法是可行的。研究结果与海南岛农垦近 5 a 平均橡胶产量分布（图 5-7）对比分析可以看出，海南岛橡胶树栽培适宜区的高低程度，与橡胶实际产量高低分布大体一致。从总体上来看，本研究的适宜性评价结果能准确反映海南岛橡胶树种植的空间差异，最适宜区均表现为气候适宜性程度高、土壤良好、坡度适宜等特点。可见，气候-土壤-地形条件是保障橡胶树栽培稳产高产的前提因素。

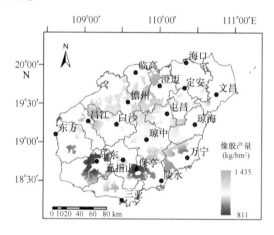

图 5-7 海南岛农垦 2006—2010 年平均橡胶产量分布

5.3 结论与讨论

海南岛植胶区具有台风、寒害和土壤贫瘠等环境特点（王大鹏等，2013），橡胶树要获得高产高效应首先要做好宜林地规划（邓军等，2008）。本研究综合考虑了橡胶树栽培中气象要素、土壤和地形的影响，确定了气候适宜性因子、地形因子、土壤因子作为海南岛橡胶树栽培适宜性评价指标，建立了橡胶树栽培与适宜性评价指标体系，开展了海南岛橡胶树栽培适宜性评价，确定了海南岛不同区域种植橡胶树是否适宜以及适宜的程度，从宏观上反映了海南岛橡胶树栽培适宜性的空间差异。本文研究结果可为橡胶树种植提供参考，有利于减少盲目种植带来的风险，提高橡胶树种植的经济效益。

　　橡胶树栽培与气候、土壤、地形等要素密切相关。温度、降雨和太阳辐射是影响产胶量的主要气象因子，它们相互影响并以累加效应作用于橡胶树产胶；主要土壤营养元素氮、钾、磷和镁通过影响光合作用等影响胶乳合成，并因影响胶乳的稳定性而影响排胶（杨铨，1989；罗坚，2014）。土壤、地貌在一定条件下对热作生产起到限制作用，也是橡胶树栽培适宜性评价的重要因子（罗坚，2014）。由于地形、土壤中很多因子很难定量化表达其对橡胶产量的影响，如土壤营养元素、"地形高度"等，因此，本文在评价因子选择中，仅考虑了其中的土壤类型、土壤 pH、坡度等因子，存在一定的不足。从综合评价的结果来看，基本与实际情况一致，但仍存在少部分区域的评价结果与实际不符。因此，在指标的选择和分级方面需要不断的完善和改进。

参考文献

曹阳，宋伟东 . 2009. 基于云理论、粗集和模糊神经网络的区域橡胶种植适宜度评估模型［J］. 测绘科学，34（6）：149-151.

陈建波，莫业勇，陈明文，等 . 2010. 我国天然橡胶生产潜力分析［J］. 热带农业工程，34（4）：90-98.

邓军，林位夫，林秀琴 . 2008. 橡胶树高产高效栽培影响因素与关键技术［J］. 耕作与栽培，3：51-54.

何康，黄宗道 . 1987. 热带北缘橡胶树栽培［M］. 广州：广东科技出版社 .

李国尧，王权宝，李玉英，等 . 2014. 橡胶树产胶量影响因素［J］. 生态学杂志，33（2）：510-517.

刘少军，房世波 . 2015c. 海南岛天然橡胶气候适宜性及变化趋势分析——以第一蓬叶生长期为例［J］. 农业现代化研究，36（4）：1062-1066.

刘少军，周广胜，房世波 . 2015a. 中国橡胶树种植气候适宜性区划［J］. 中国农业科学，48（12）：2335-2345.

刘少军，周广胜，房世波 . 2015b. 未来气候变化对中国天然橡胶种植气候适宜区的影响［J］.

应用生态学报, 26 (7): 2083-2090.

罗坚. 2014. 天然橡胶宜植地资源及宜林地等级划分 [J]. 云南农业, 9: 62.

欧滨, 罗微, 马利等. 2009. 基于 GIS 的橡胶园地分等研究 [J]. 热带农业科学, 29 (6): 9-14.

齐福佳, 邱彭华, 吴晓涛, 等. 2014. 基于 GIS 的临高县橡胶种植土地适宜性评价 [J]. 林业资源管理, (1): 114-119.

苏文地, 张培松, 罗微. 2014. 基于主成分分析的橡胶种植适宜性评价—以海南省儋州市为例 [J]. 热带农业科学, 34 (3): 69-75.

唐群锋, 郭澎涛, 刘志崴, 等. 2014. 基于 FMT-AHP 的海南农垦花岗岩类多雨区橡胶园地力评价 [J]. 生态学报, 34 (15): 4435-4445.

王大鹏, 王秀全, 成镜, 等. 2013. 海南植胶区天然橡胶产量提升的问题及对策 [J]. 热带农业科学, 33 (6): 66-70.

王祥军, 李维国, 高新生, 等. 2012. 巴西橡胶树响应低温逆境的生理特征及其调控机制 [J]. 植物生理学报, 48 (4): 318-324.

吴炳孙, 何鹏, 吴敏, 等. 2014. 基于 GIS 的儋州市橡胶种植用地适宜性评价 [J]. 土壤通报, 45 (5): 1054-1059.

杨铨. 1989. 几种气象因子与产胶量的关系 [J]. 中国农业气象, (1): 42-44.

姚军, 张有山. 1998. 土壤质地类型与其基础肥力相关性 [J]. 农业新技术, (4): 33-34.

俞花美, 吴季秋, 肖明等. 2011. GIS 技术在作物生态适宜性评价及其在橡胶种植业中的应用 [J]. 热带生物学报, 2 (3): 277-280.

张莉莉. 2012. 基于 GIS 的海南岛橡胶种植适宜性区划 [M]. 海南大学硕士论文.

郑文荣. 我国天然橡胶发展情况和产胶趋势 [EB/OL]. http://www.docin.com/p-245944869.html, 2014-6-30.

Adzemi M A, Mustika E A, Ahmad F A. 2013. Evaluation of climate suitability for rubber (Heveabrasiliensis) cultivation in Peninsular Malaysia [J]. Journal of Environmental Science and Engineering, A 2: 293-298.

LIU Xiaona, FENG Zhiming, JIANG Luguang et al. , 2013. Rubber plantation and its relationship with topographical factors in the border region of China, Laos and Myanmar [J]. Journal of Geographical Sciences, 23 (6): 1019-1040.

6 基于 GALES 的海南橡胶林台风风灾评估模型

天然橡胶是国防和经济建设不可或缺的战略物资和稀缺资源，直接关系到国家安全、经济发展和政治稳定。海南地处热带地区，属热带季风海洋性气候，是我国台风影响频繁的地区，由于受台风的影响，天然橡胶经常遭受严重的风害（何康等，1987）。在全球气候变暖的背景下，虽然登陆海南的台风年频数有弱的减少的趋势，但登陆的平均强度总体有增强趋势（吴慧等，2010），这必将对海南的橡胶生产带来严重的影响。因此，开展橡胶林台风灾害评估模型研究，不仅有助于增强天然橡胶林防御台风灾害的能力，还可以为建立气象灾害指数保险产品提供核心技术。关于橡胶风害的研究多以个例的调查分析为主（王缵玮等，1990；罗家勤等，1992；李智全，2006；余伟等，2006；周芝锋，2006；连士华，1984；王秉忠等，1986；杨少琼等，1995；刘少军等，2010；魏宏杰等，2011；魏宏杰等，2009；张京红等，2011），在橡胶风害成因、风害评估模型方面也有一定的研究，但基于橡胶林台风灾损评估机理模型的研究相对较少。有关模型主要分为经验模型、统计模型和机理模型 3 种（Kana et al.，2007）。经验模型以灾后实地调查、风害历史记录等为基础，主要是在影响风害的因子（如地形、生物等）与风害等级之间进行简单回归（Olofsson et al.，2005；Hanewinkel et al.，2004），该模型主要依赖于专家的判断，而不是进行数理推导，对灾害损失量化程度不高（Moore，2000；孙洪刚等，2010）。统计模型主要是对长序列风害的时空信息进行评估，并通过建立回归模型来预测风害。这类模型对于特定区域或立地条件下的风害预测精度较高，但应用范围仅限于某一具体林分，不具有通用性（孙洪刚等，2010；Quine，2000；Valinger et al.，1997）。如，采用判别分析和逻辑斯蒂分析法对森林受害级别进行预测（Valinger et al.，

1993）。机理模型是将确定性与可能性结合起来评估风害的方法（Gardner et al.，2000），可以避免经验模型和统计模型的简单化（孙洪刚等，2010）。在评估方法上，早期研究采用树干弯曲理论并结合风速分布模型，建立一种用于评估风破坏危险性的方法（Blackburn et al.，1988；Galinski，1989）；此后一些机理模型先后问世，如 FOREOLE 模型（Gardner et al.，2000；Philippe et al.，2004）、WINDA 模型（Kristina et al.，2004）、ForestGALES 模型（Gardiner et al.，2004）、树木机械动力模型 HWIND（Peltola et al.，1999）、GALES 模型（Barry et al.，2000）、GEO – SIMA – HWIND 模型及 ForestTYPHOON 模型（Kamimura et al.，2008）等。但这类风害评估模型主要以欧美人工林为研究对象，能否应用于海南橡胶林风害影响评估研究尚有很大的不确定性。本文借鉴国外森林风害机理模型（GALES）（Barry et al.，2000）的基础上，构建海南橡胶林台风灾害机理模型。

6.1　橡胶树断倒的机理研究

6.1.1　橡胶树风害差异原因

台风导致橡胶树风害的作用力主要由两部分组成：风的水平作用力和树木本身质量产生的重力（主要是树冠质量）。水平作用力首先在树冠中心形成水平压力使树干倾斜，而树干倾斜则导致树干和树冠的重心偏移，由于重力作用，加剧了树干偏移程度。如果风速进一步增加，将造成掘根、折干、折冠及树干弯曲等危害（孙洪刚，2010）。

导致橡胶树发生风害的主要因素有 5 个。

（1）树种的抗风能力的差异：由于橡胶树品种的差异，抗风能力不一致。

（2）林龄：随林龄的增长，树木抗风能力逐渐增强，风害类型呈规律变化。幼龄林的风害多数为树干弯曲，发生折干和掘根的可能性很小，这是由于幼树树干木质化比例较小，柔韧度高。中龄林和成熟林的风害类型主要为掘根和折干、冠，取决于树干抗折断能力与根系土壤固着力。当树干抗折断能力低于根系土壤固着力时，风害表现为折干、冠形式；当树干抗弯折能力大于根系土壤固着力时，风害表现为掘根。一般情况下，中龄林风害类型以折干、冠为主，掘根比例随林龄增长而增加（孙洪刚等，2010）。

（3）根系的深浅：强风下，深根系树种（直根系长度超过 80 cm）的抗风能力大于浅根系树种（直根系长度小于 80 cm）（孙洪刚等，2010）。

（4）树冠形态、叶面积指数、树高等：叶面积指数越小，树种的抗风能力越强。同一树种，树高越小，冠幅重心越低，抗风能力越强；胸径越大抗风性能越好。不同树种，平均树高越小抗风性能越好（孙洪刚等，2010）。

（5）非生物因素：土壤类型决定了根系构型及根系生物量，从而影响树木的风害稳定性。土壤水位高低、重金属含量也会影响树种抗风能力（孙洪刚等，2010）。

6.1.2 橡胶树风害的规律

橡胶树台风灾害的主要症状是倒、断和扭。这 3 种不同的破坏形式是与橡胶树结构动力学和林段内气流动力学有关的。从橡胶树的弯扭振动变形来说，可以把台风气流分解为纵向大涡流和横向小涡流的湍流运动。其气流的力学量—速度、加速度和压力等随时间而连续脉动，而且由于湍流的随机运动，气流方向和流速都迅速变化（连世华，1984）。

在一定风速条件下（9~26 m/s），作用力与风速呈曲线关系，高于此风速时，树冠发生变形，且愈来愈呈流线型，此时风的作用力与风速呈线性关系（连世华，1984）。

$$P = 0.001\ 26u + 0.559\ 7uG - 0.328G + 0.003 \qquad (6-1)$$

式中，P 为风对树的作用力（t），u 为风速（m/s），G 为树的重量（t）。

6.1.3 橡胶树的起拔力和推挖力

起拔力：$\qquad\qquad P = 1.47 + 0.557D \qquad\qquad (6-2)$

式中，D 表示橡胶树干直径，单位 cm。

推挖力（表 6-1）：$\qquad\qquad P = q \times D^{1.5} \qquad\qquad (6-3)$

式中，q 表示树种系数，取值范围 0.05~0.07。

橡胶树推挖受力与树干直径关系见表 6-1。

表 6-1 实际推挖受力表（连世华，1984）

D（cm）	26.43	32.58	38.7	41.3	37	36.45
P（t）	5.048	8.811	8.8	10.573	12.335	15.86

P 从实际能量消耗来看，主要是克服土壤与土壤间，橡胶树根系与土壤间的摩擦和附着力。因此，橡胶树倒伏力就决定于土壤的物理力学性质，如土壤容重、含水率、摩擦系数以及抗剪和变形等，它也取决于根系的分布情况，如侧根分布宽度、轮数，主根大小和深度。含水率高的土壤，坚实度低，反之坚实度高。土壤坚实度高的对树根的附着力就大，树的抗倒伏能力就强（连世华，1984）。

6.2 模型建立

模型的建立流程见图 6-1。

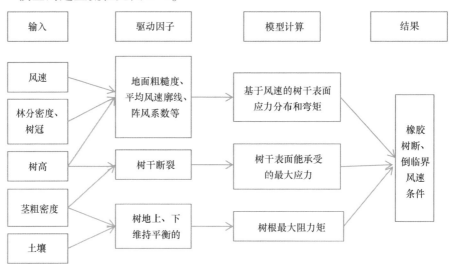

图 6-1 基于 GALES 建立模型橡胶树断倒模型流程（Gardner et al.，2000）

6.2.1 橡胶树受力分析

橡胶树的断、倒主要受到两个力作用的影响：即风对树的作用力和树冠整体产生的重力。

橡胶树断、倒的力学方程为：

$$M_{\text{crit, wind}} = T_x(y_B - y_A) + T_y(x_B - x_A) \tag{6-4}$$

$$M_{\text{crit, tot}} = M_{\text{crit, wind}} + W(x_c - x_A) \tag{6-5}$$

其中，(x_A, y_A)，(x_B, y_B)，(x_C, y_C) 分别表示橡胶树干底部的坐标，用力点坐标，受力最大时的重心坐标。$M_{\text{crit,wind}}$ 表示只考虑风作用力时的力矩；T_x，T_y 表示水平和垂直方向的受力；$M_{\text{crit,tot}}$ 表示风作用力和树总重力共同产生的力矩；W 表示橡胶树总的重量。

橡胶树断裂的弹性模量可以表示为：

$$\text{MOR} = \frac{32 M_{\text{crit,tot}}}{\pi \times dbh^3} \tag{6-6}$$

MOR 表示断裂的弹性模量，其中 dbh 表示断裂部位树干的直径。

6.2.2 橡胶树断、倒的临界风速确定

根据前人的研究（Barry et al., 2000；A. Achim et al., 2005），风作用在橡胶树上的平均力矩可以表示为：

$$M_{\text{mean, wind}} = (d - z)\tau D^2 \tag{6-7}$$

$$\tau = -\rho \mu_*^2 \tag{6-8}$$

其中，τ 表示单位面积上的剪切应力，D 表示橡胶树的平均间距，d 表示零平面位移，z 表示离地高度，ρ 表示空气密度，取 1.226 kg/m³，μ_* 表示摩擦速度。

根据橡胶树冠层风廓线：

$$u(z) = \frac{\mu_*}{k} \ln\left(\frac{z - d}{z_0}\right) \tag{6-9}$$

其中，$u(z)$ 表示高度为 z 米处风速，k 为卡门常数（=0.41），z_0 表示地面粗糙度，d 表示零平面位移。

同时考虑到风的阵风性，平均转动力矩需要转化为最大转矩，具体见公式（6-10）。

$$M_{\max} = M_{\text{mean}} \times G \qquad (6\text{-}10)$$

其中，$M_{\max}$ 表示最大转矩，M_{mean} 表示平均转矩，G 表示阵风系数（无量纲），通过经验建立。

将以上代入公式（6-7）得到公式（6-11），根据公式（6-11 和 6-12）推出橡胶树断的风速（公式6-13）和橡胶树倒的临界风速（公式6-14）。

$$M_{\text{mean, wind}(z)} = (d-z)\rho G\left(\frac{Du_h \text{k}}{\ln((h-d)/z_0)}\right)^2 \qquad (6\text{-}11)$$

$$M_{\text{crit, tot}} = M_{\text{crit, wind}} f_w = \frac{\pi}{32} f_{\text{knot}} \times \text{MOR} \times dbh^3 \qquad (6\text{-}12)$$

$$V_{\text{break}} = \frac{1}{kD}\left[\frac{\pi \times \text{MOR} \times dbh^3}{32\rho G(d-1.3)}\right]^{\frac{1}{2}}\left[\frac{f_{\text{knot}}}{f_{\text{edge}}\,f_{\text{cw}}}\right]^{\frac{1}{2}}\ln\left(\frac{h-d}{z_0}\right) \qquad (6\text{-}13)$$

其中，V_{break} 表示橡胶树断的风速，k 为卡门常数（= 0.41），D 表示橡胶树的平均间距，d 表示零平面位移，h 表示离地高度，z_0 表示地面粗糙度，G 表示阵风系数；MOR 表示断裂的弹性模量，其中 dbh 表示断裂部位树干的直径，ρ 表示空气密度，取 1.226 kg/m³；f_{knot}，f_{edge}，f_{cw} 为风力试验参数。

$$V_{\text{over}} = \frac{1}{kD}\left[\frac{C_{\text{reg}}SW}{\rho Gd}\right]^{\frac{1}{2}}\left[\frac{1}{f_{\text{edge}}\,f_{\text{cw}}}\right]^{\frac{1}{2}}\ln\left(\frac{h-d}{z_0}\right) \qquad (6\text{-}14)$$

其中，V_{over} 表示橡胶树倒伏的风速，SW 表示冠层的重量，C_{reg} 为风力试验参数。

6.2.3 模型中地表粗糙度和零平面位移的估算

在海南橡胶林台风灾害动力学评估模型中，橡胶树断、倒条件的判识，必须解决大范围、不同季节、不同地形条件下橡胶林零平面位移和粗糙度。利用形态学 Raupach 方法，估算橡胶林归一化零平面位移和粗糙度，Raupach 的形态学公式表示如下（刘少军等，2016；Jasinski et al.，2005）：

$$\frac{z_0}{h} = \left(1 - \frac{d}{h}\right)\exp\left(-k\frac{u(z)}{u_*} + \Psi_h\right) \qquad (6\text{-}15)$$

$$\frac{d}{h} = \left(\frac{\beta\lambda}{1 + \beta\lambda}\right)\left[1 - c_d\gamma^{-1}\left(\frac{b}{h\lambda}\right)^{1/2}\right] \quad (6-16)$$

其中，d 为零平面位移，z_0 为粗糙度，h 为粗糙元高度，λ 为单位地面粗糙元迎风面积，Ψ_h 为粗糙层影响函数，b 为冠层宽度，c_d 为经验系数。β 为粗糙元阻力系数与地表阻力系数之比，γ 为距地面高度 z 处的水平风速与摩擦速度之比。

其中单位地面粗糙元迎风面积 λ 可以为：

$$\lambda = \frac{\Lambda}{2} \approx \frac{LAI}{2} \quad (6-17)$$

Λ 表示为单位面积上植被对风的阻挡面积，值与叶面积指数很接近（Zeng et al.，2001），因此采用遥感反演的叶面积指数 LAI 表示单位面积上植被对风的阻挡面积。Raupach 模型中其他参数参考相关文献获取（赵晓松等，2004；Lo，1995；Raupach et al.，1991；Macdonald et al.，1998）。

6.2.4 模型检验

根据台风影响橡胶林的灾情收集数据，对模型进行了初步检验。结果发现：模型得出的橡胶树断、倒的风速条件与实际风速误差范围在 80% 左右。主要原因可能是验证的风速主要根据周边自动气象站进行插值获取，未考虑地形的影响，因此需要进一步通过专业的风场模拟软件（如 ENVI-met，MISKAM，CFD 等）进行微气象环境下风场的模拟检验。同时，橡胶树断、倒模型中部分参数采用的是经验值，导致了误差的存在。具体而言，如，橡胶树倒模型中冠层的重量 SW，参数仅能通过橡胶树的体积估算得到；模型中地表粗糙度和零平面位移来源于遥感数据的估算，橡胶林零平面位移和粗糙度实际上是随大气稳定情况发生改变的，可能同一天都会相差很大，不同大气层结构状态、零平面位移和粗糙度均会有所差异，同时橡胶林平面位移和粗糙度随季节会发生变化（刘少军等，2016），由于缺乏与遥感数据相对应时间段的通量塔观测资料与之进行对比验证，导致无法进行遥感反演精度的直接验证，因此需要不断改进 Raupach 的形态学模型相关参数，以提高遥感反演橡胶林零平面位移和粗糙度的精度。

6.3 结论和存在的问题

台风导致橡胶树风害的作用力主要由两部分组成：风的水平作用力和树木本身质量产生的重力（主要是树冠质量）。水平作用力首先在树冠中心形成水平压力使树干倾斜，而树干倾斜则导致树干和树冠的重心偏移，由于重力作用，加剧了树干偏移程度。如果风速进一步增加，将造成掘根、折干、折冠及树干弯曲等危害（孙洪刚等，2010）。导致橡胶树木发生风害的主要因素有树种的抗风能力的差异、林龄、根系的深浅、树冠形态、叶面积指数、树高及非生物因素等。

由于橡胶林风害评估是一个很复杂的问题，不仅与大风本身强度有关，还与地形下垫面和橡胶树栽培技术等多种因素有关，故至今尚无一个可准确评估橡胶风害影响的模式问世。由于物理约束的限制，简单的数学模型并不能准确预测橡胶树灾损情况。目前，国际上树木风灾的建模方法可以分为简化的数学模型和精细化的有限元模型（彭勇波等，2016）。本文建立的橡胶树断、倒模型属于简化的数学模型，从空气动力学和结构力学角度出发，在资料收集和实地调查的基础上，构建基于GALES模型海南橡胶林台风灾害机理模型，在一定程度上能解决橡胶树风害的评估。建立的橡胶风害断、倒模型，将确定性与可能性结合起来，可以避免经验模型和统计模型的简单化，能定量确定橡胶风害的临界风速条件，从机理上解决何种情况下橡胶树将受到何种程度的损伤，因此具有一定的实用性和通用性。

存在问题：由于该模型是在GALES模型的基础上建立，需要更多的案例来分析其对橡胶树的影响，有关参数需要进行风洞试验来给予修正。

参考文献

何康，黄宗道 . 1987. 热带北缘橡胶树栽培［M］. 广州：广东科技出版社 .

李智全 . 台风"达维"对海南垦区橡胶生产的影响分析及对策［J］. 中国热带作物学会天然橡胶专业委员会学术交流会 . 2006-06-01：97-106.

连士华 . 1984. 橡胶树风害成因问题的探讨［J］. 热带作物学报，5（1）：59-72.

刘少军，易雪，张京红，等.2016.基于遥感的海南岛橡胶林零平面位移和粗糙度估算［J］.热带作物学报，37（10）：2028-2031.

刘少军，张京红.2010.基于遥感和 GIS 的台风对橡胶的影响分析［J］.广东农业科学，37（10）：191

罗家勤，钟华洲.1992.9207 号强台风对橡胶无性系的风害调查简报［J］.热带作物科技，(6)：80-81.

彭勇波，艾晓秋，承颖瑶.2016.风致树木倒伏研究进展［J］.自然灾害学报，25（5）：167-175.

孙洪刚，林雪峰，陈益泰，等.2010.沿海地区森林风害研究综述［J］.热带亚热带植物学报，18（5）：577-585.

王秉忠，黄金城，丘金裕.1986.海南岛中风害区山地橡胶树（台）风害规律及防护林营造技术的研究［J］.热带作物学报，7（1）：37-54.

王缵玮，范宝光.1990.海南金波地区 1989 年橡胶树风害调查报告［J］.热带作物科技，(6)：29-32.

魏宏杰，杨琳，刘锐金.2011.物元模型在胶园风害灾情评估中的应用［J］.广东农业科学，3，168-171.

魏宏杰，杨琳，莫业勇.2009.海南农垦橡胶树风害损失分布函数的建模研究［J］.现代经济（现代物业下半月刊），8（2）：9-11.

吴慧，林熙，吴胜安，等.2010.1949—2005 年海南登陆热带气旋的若干气候变化特征［J］.气象研究与应用，31（3）：9-15.

杨少琼，莫业勇.1995.台风对橡胶树的影响—风害树的生理学和排肢不正常现象［J］.热带作物学报，16（1）：17-28.

余伟，张木兰，麦全法，等.2006.台风"达维"对海南农垦橡胶产业的损害及所引发的对今后产业发展的思考［J］.热带农业科学，26（4）：41-43.

张京红，刘少军，田光辉，等.2011.基于可拓理论的台风灾害评估技术研究——以海南岛为例［J］.热带作物学报，32（8）：1579-1583.

赵晓松，关德新，吴家兵，等.2004.长白山阔叶红松林的零平面位移和粗糙度［J］.生态学杂志，23（5）：84-88.

周芝锋.登陆海南岛的热带气旋特征及其对海南垦区橡胶生产的影响［J］.中国气象学会2006 年年会"灾害性天气系统的活动及其预报技术"分会场，2006-10-01：667-671.

A. Achim, J C. Ruel, B. A. Gardiner, et. al., 2005. Modelling the vulnerability of balsam fir forests to wind damage［J］. Forest Ecology and Management, 204：35-50.

Barry Gardiner, Heli Peltola, Seppo Kellomaki. 2000. Comparison of two models for predicting the critical wind speeds required to damage coniferous trees [J]. Ecological Modelling, 129 (1): 1-23.

Blackburn P, Petty J A. 1988. Theoretical calculations of the influence of spacing on stand stability [J]. Forestry, 61: 29-43.

Galinski W. 1989. A wind throw risk estimation for coniferous trees [J]. Forestry, 61: 139-146.

Gardiner B, Suárez J, Achim A, et al. Forest GALES: a PC-based wind risk model for British Forests. User's Guide Version2. 0 [M]. 2004, Forestry Commission, Edinburgh, UK.

Gardiner, B. A. , Stacey, G. R. , Belcher, R. E, et. al. , 1997. Field and wind tunnel assessments of the implications of respacing on tree stability [J]. Forestry, 70 (3), 233-252.

Gardner B A, Peltola H, Kellomki S. 2000. Comparison of two models for predicting the critical wind speeds required to damage coniferous trees [J]. Ecological Modelling, 129: 1-23.

Hanewinkel M, Zhou W, Schill C. 2004. A neural network approach to identify forest stands susceptible to wind damage [J]. Forest Ecology and Management, 196 (2/3): 227-243.

Jasinski M F, Borak J, Crago R. 2005. Bulk surface momentum parameters for satellite-derived vegetation elds [J]. Agricultural and Forest Meteorology, 133: 55-68.

Kamimura K, Gardiner B, Kato A, et al. , 2008. Developing a decision–support approach to reducing wind damage risk a case study on sugi forests in Japan [J]. Forestry, 81 (3): 429-445.

Kana Kamimura, Norihiko Shiraishi. 2007. A review of strategies for wind damage assessment in Japanese forests [J]. Journal of Forest Research, 12 (15): 162-176.

Kristina Blennow, Ola Sallnäs. 2004. WINDA—a system of models for assessing the probability of wind damage to forest stands within a landscape [J]. Ecological Modelling, 175: 87-99.

Lo A K. 1995. Determination of zero-plane displacement and roughness length of a forest canopy using profiles of limited height. Boundary-Layer Meteorology, 75: 381-402.

Macdonald R W, Griffiths R F, Hall D J. 1998. An improved method for estimation of surface roughness of obstacle arrays [J]. Atmospheric Environment, 32 (11): 1857-1864.

Moore J. 2000. Difference in maximum resistive bending moments of Pinus radiata trees grow n on a range of soil types [J]. Forest Ecology and Management, 135 (1-3): 63-71.

Olofsson E, Blennow K. 2005. Decision support for identifying spruce forest stand edges with high probability of wind damage [J]. Forest Ecology and Management, 207 (1/2): 87-98.

Peltola H, Kellomki S, Visnen H, et al. 1999. A mechanistic model f or assessing the risk of wind and snow damage to single tees and stands of Scots pine, Norway spruce, and birch [J]. Canadian Journal of Forest Research, 29: 647-661.

Philippe Ancelin, Benoît Courbaud, Thierry Fourcaud. 2004. Development of an individual tree-based mechanical model to predict wind damage within forest stands [J]. Forest Ecology and

Management, 203 (1-3): 101-121.

Quine C. 2000. Estimation of mean wind climate and probability of winds for wind risk assessment [J]. Forestry, 73 (3): 247-258.

Raupach M R, Antonia R A, Rajagopalan S. 1991. Rough-wall turbulent boundary layers [J]. Applied Mechanics Reviews, 44 (1): 1-25.

Valinger E, Fridman J. 1997. Modelling probability of snow and wind damage in Scots pine stands using tree characteristics [J]. Forest Ecology and Management, 97 (3): 215-222.

Valinger E, Lundqvist Land Bondes sonL. 1993. Assessing the risk of snow and wind damage from tree physical characteristics [J]. Forestrt, 66 (3): 249-260.

Zeng H, Pukkala T, Peltola H. 2007. The use of heuristic optimization in risk management of wind damage in forest planning [J]. Forest Ecology and Management, 241, 189-199.

ZENG Xubin, Shaikh Muhammad, Dai Yongjiu et. al. , 2001. Coupling of the common land model to the NCAR community climate model [J]. Journal of Climate, 15: 1832-1854.

7 橡胶树风害的重现期预估研究

　　海南岛是我国主要橡胶产区，也是台风频发区域。台风是影响海南橡胶树存活以及产胶量的主要自然因素之一（江爱良，2003）。在全球气候变化大背景下，登陆海南岛的台风个数有弱的减少趋势，但总体上台风登陆的平均强度却有增强的趋势（吴慧等，2010），这必将严重影响到海南岛的橡胶生产。因此，研究橡胶树风害的重现期特征对指导橡胶的生产具有重要的意义。重现期是一个用来描述事件发生可能性的指标，指在相对长时间范围内超过一定强度阈值范围的事件发生的一个稳定周期，是用来表征灾害类事件发生的重要参数（李颖等，2014）。橡胶种植和生产过程，需要了解不同区域可能遇到的风速极值，即不同重现期的最大风速值。极值分布函数是灾害风险管理的有利工具，极值分布函数模型主要分为经典极值理论模型和广义帕累托分布模型（李颖等，2014；Levine，2009）。对于分布函数形式未知的情况，常采用皮尔逊Ⅲ型分布（Pearson Ⅲ）、韦布尔分布（Weibull）、指数分布（Exponetial）、对数正态分布（Logarithmic normal）、耿贝尔分布（Gumbel）等，模拟和拟合极端指数的分布规律。根据前人研究表明：风速极值的计算常采用耿贝尔分布比较合理。如：孟庆珍等（1997）认为耿贝尔分布对最大风速进行概率计算效果较好；司奉泰等（2013）对菏泽市35种气候值，采用皮尔逊Ⅲ型、对数正态、耿贝尔、韦布尔分布函数进行模拟，得到不同分布的适用范围，并认为风速极值应优先考虑使用耿贝尔分布；黄浩辉等（2007）利用矩法、极大似然法和耿贝尔法对年极值风速进行了概率计算对比分析，发现多数情况下采用耿贝尔法时拟合效果更好。同时，也有大量的学者采用耿贝尔法进行了大风极值的推算，也取得了很好的结果（史军等，2015；庞文宝等，2009；王纪军等，2016；鹿翠华等，2010）。海南橡胶树风害率与风速密切相关。不同风速出现的概率，必将导致橡胶产生一定的灾害，因而确定不同强度风速的出现概率是进行橡胶树风害预测的基础。因此，本文尝试利用海南岛大风不同重现期预测值，根据统计得到的风力与橡胶树风害对应关系，预测不同重现期下橡胶树风害率的分布，以期为橡胶生产和防灾减灾提供参考依据。

7.1 数据和方法

数据：1981—2010 年气候标准年的海南岛地面气象逐日极大风速数据来源于海南省气象局。海南岛县界行政区数据来源于国家基础地理信息网站提供的 1∶400 万基础地理信息数据。海南岛橡胶遥感分布数据来源于海南岛 TM 遥感数据提取天然橡胶空间分布图［具体方法参考文献（张京红等，2010；刘少军等，2010）］。

方法：海南岛橡胶树风害损失的重现期预测的步骤：首先根据海南岛逐日最大风速数据集，采用极值Ⅰ型算法，参数的估算采用耿贝尔法，模拟出不同重现期的最大风速极值分布；然后基于海南岛橡胶遥感分布图和风力大小与橡胶树风害对应关系，预测不同重现期内橡胶树风害损失，具体流程见图 7-1。

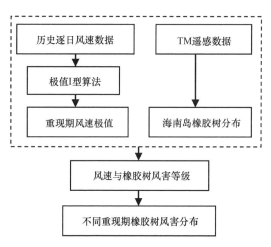

图 7-1 海南橡胶树风害损失预估流程

7.1.1 风速极值的计算

最大风速极值是准确地推断最大风速极值序列的再现期值或某一最大风速极值平均可能在多少年内出现一次的再现期。计算海南岛不同重现期的最大风速极值采用极值 I 型分布函数（张淑杰等，2015）：

$$p(x) = \exp\{-\exp[-a(x-u)]\} \tag{7-1}$$

$$X_L = u - \frac{1}{a}\ln\left[\ln\left(\frac{L}{L-1}\right)\right] \tag{7-2}$$

式中，$p(x)$ 为概率分布函数，参数 x 为最大风速，a 为分布的尺度参数，u 为分布的位置，其中 a，u 参数的估算采用耿贝尔分布（黄浩辉等，2007；张美花等，2014），X_L 为 L 年一遇的最大风速。

7.1.2 风力与橡胶树风害等级表

橡胶树风害率随着风力增加而增大，一般情况下，当风力小于 8 级时，橡胶树断倒较少，风力达到 8~9 级时，曲线平缓上升，风力达到 10 级时，曲线急剧上升，断倒率达 13%，风力达到 12 级时，断倒率达 35%，风力达到 15 级时，断倒率达 69%，风力达到 16 级时，断倒率达 84%，风力达到 17 级时，断倒率达 100%。由于大风对橡胶树的损坏程度是一个很复杂的问题，不仅与大风本身强度有关，还与地形下垫面和橡胶树栽培技术等多种因素有关。当风的水平力和橡胶树本身重量产生的垂直重力作用于橡胶树时，可以造成橡胶树严重受损（刘斌等，2012），橡胶树风倒现象主要表现为连根拔起、树干折断、根部折断 3 种方式，同时遭受风力胁迫的橡胶树产量会下降，死皮会增加（杨少琼等，1995）。根据海南岛橡胶树风害的灾情调查统计结果和海南橡胶气象服务实用技术手册，确定橡胶树风害与风力评价指标表 7-1。

表 7-1 风力与橡胶树风害等级（海口市气象局，2014）

风速（m/s）	风害率（%）
17.2~20.7	<5
20.8~24.4	5~10
24.5~28.4	10~16

风速（m/s）	风害率（%）
28.5~32.6	16~24
32.7~36.9	24~33
37.0~41.4	33~45
41.5~46.1	45~55
46.2~50.9	55~66
51.0~56.0	66~80
56.1~61.2	>80

7.2　结果与分析

　　根据风力与橡胶树风害等级表和不同重现期的最大风速极值，分别得到了 5 a、10 a、20 a、30 a、50 a 一遇情况下海南岛橡胶树风害损失程度。

　　从图 7-2 中可以看出：海南岛橡胶树风害 5 a 一遇最大风速极值情况下，橡胶树灾害损失的范围在 5%~16% 之间，其中风害率 5%~10% 主要分布在海南岛的北部；10%~16% 主要分布在海南岛的中部和南部。

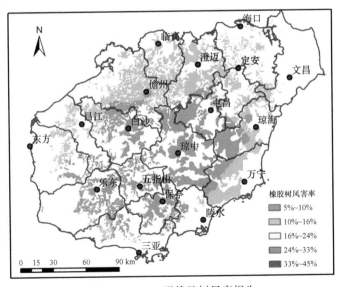

图 7-2　5 a 一遇橡胶树风害损失

从图 7-3 中可以看出：海南岛橡胶树风害 10 a 一遇最大风速极值情况下，橡胶树灾害损失的范围在 10%~24% 之间，其中风害率 10%~16% 主要分布在海南岛的中部；其他区域为 16%~24%。

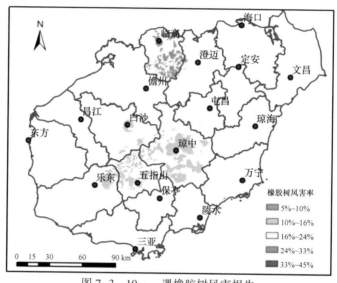

图 7-3　10 a 一遇橡胶树风害损失

从图 7-4 中可以看出：海南岛橡胶树风害 20 a 一遇最大风速极值情况下，橡胶树灾害损失的范围在 16%~33% 之间，其中风害率 16%~24% 主要分

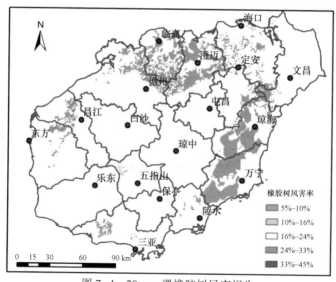

图 7-4　20 a 一遇橡胶树风害损失

布在海南岛的中部和南部；24%~33%主要分布在海南岛的北部和东部。

从图 7-5 中可以看出：海南岛橡胶树风害 30 a 一遇最大风速极值情况下，橡胶树灾害损失的范围在 16%~33% 之间，其中风害率 16%~24% 主要分布在海南岛的中部；24%~33% 主要分布在海南岛的四周沿海区域。

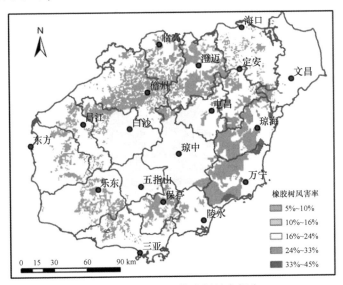

图 7-5　30 a 一遇橡胶树风害损失

从图 7-6 中可以看出：海南岛橡胶树风害 50 a 一遇最大风速极值情况

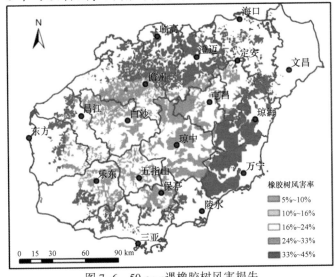

图 7-6　50 a 一遇橡胶树风害损失

下，橡胶树风害损失的范围在24%～45%之间，其中风害率24%～33%主要分布在海南岛的中部和南部；33%～45%主要分布在海南岛的北部和东部。

总体而言，随着最大风速极值的增加，海南岛橡胶树风害损失程度也随着增加，在空间上也存在一定的差异。如20 a一遇橡胶树风害损失和30 a一遇橡胶树风害损失虽均在16%～33%之间。但从空间分布而言，预测的30 a一遇橡胶树风害损失在24%～33%的空间范围明显大于20 a一遇橡胶树风害损失的空间分布范围。

风速是决定橡胶林破坏严重程度的主要因子，当风速增加时，橡胶树受损程度会呈现线性增加趋势（Everham et al.，1996）。其原因为橡胶树周围的风速会随着高度的增加而增大，而且一般高大树木的林冠层暴露在大风中的面积较大，因此较低矮的树木有更容易受害的风险（刘斌等，2012）。尝试利用最大风速极值出现的概率来预估橡胶树风害损失的概率，间接通过不同重现期的最大风速极值可能对橡胶树造成的损失来预测橡胶树风害的空间分布。因此，采用耿贝尔分布函数分别计算5 a、10 a、20 a、30 a、50 a一遇的最大风速极值，并根据风力与橡胶树风害对应关系，得到不同重现期的橡胶树风害损失分布。从不同重现期的橡胶树风害损失图中可以看出，随着重现期的增加，橡胶树风害损失的分布范围逐渐从5%～16%上升到24%～45%，而且在空间上的分布也出现了明显差异。由此可以根据橡胶树风害损失的分布规律，合理选择橡胶树种植区域，避免盲目种植带来的风灾风险。

7.3 讨论

虽然从数学意义上讲，最大风速极值作为气候随机变量是不稳定的，但其随时间的变化过程在概率分布上却是相对稳定的，因此，最大风速极值的分布可以用分布函数来模拟（林晶等，2011）。耿贝尔分布是极值渐进分布的一种理论模式，由给定的极值求取再现期或由给定的再现期求取再现期极值需要拟合出概率密度函数，本文仅利用1981—2010年的最大风速直接采用耿贝尔分布函数估算不同重现期最大风速极值。但对该最大风速极值与更长时间序列的最大风速模拟的不同重现期的最大风速极值是否存在差异，有待进一步的检验。

　　研究表明，当风速大于 10 级以上，橡胶树的灾损与风速大小正相关，而且橡胶树的风害率明显增加（刘少军等，2015）。而在实际情况下，橡胶树风害损失不仅与风速的大小有关，而且与地形、橡胶品种、防风措施等密切相关。因此，本研究仅考虑橡胶树风害率与最大风速的关系，通过不同重现期最大风速极值对橡胶树风害损失进行预测，仅依靠风速的大小来确定灾情，难免存在一定的误差。

参考文献

海口市气象局 . 2014. 海南橡胶气象服务实用技术手册 ［R］. 9：24.

黄浩辉，宋丽莉，植石群，等 . 2007. 广东省风速极值 I 型分布参数估计方法的比较 ［J］. 气象，33（3）：101-106.

江爱良 . 2003. 青藏高原对我国热带气候及橡胶树种植的影响 ［J］. 热带地理，23（3）：199-203.

李颖，方伟华 . 2014. 热带气旋降水重现期估算研究 ［J］. 自然灾害学报，23（6）：58-68.

林晶，陈惠，陈家金，等 . 2011. 福建省年极端低温的分布及其参数估计 ［J］. 中国农业气象，32（增1）：24-27.

刘斌，潘澜，薛立 . 2012. 台风对森林的影响 ［J］. 生态学报，32（5）：1596-1605.

刘少军，张京红，蔡大鑫，等 . 2015. 海南橡胶林历史台风灾害的时空分布规律研究 ［J］. 广东农业科学，42（18）：132-135.

刘少军，张京红，何政伟 . 2010. 基于面向对象的橡胶分布面积估算研究 ［J］. 广东农业科学，37（1）：168-170.

鹿翠华 . 2010. 最大风速变化特征及再现期极值估算 ［J］. 气象科技，38（3）：399-402.

孟庆珍，唐谟智 . 1997. 成都地面气温与风速年极大值的渐近分布及参数估计 ［J］. 成都气象学院学报，12（4）：284-291.

庞文宝，白光弼，滕跃，等 . 2009. P-Ⅲ型和极值 I 型分布曲线在最大风速计算中的应用 ［J］. 气象科技，37（2）：221-223.

史军，徐家良，谈建国，等 . 2015. 上海地区不同重现期的风速估算研究 ［J］. 地理科学，35（9）：1191-1197.

司奉泰，刘了凡 . 2013. 菏泽市气候极值的统计分布和再现期研究 ［J］. 气象科技，41（6）：1091-1094.

王纪军，竹磊磊，胡彩虹，等 . 2016. 陇海—京广线沿线河南段年最大风速和年最大积雪深度重现期研究［J］.气象与环境科学，39（3）：9-14.

吴慧，林熙，吴胜安，等.2010.1949—2005 年海南登陆热带气旋的若干气候变化特征［J］.气象研究与应用，31（3）：9-15.

杨少琼，莫业勇，范恩伟.1995.台风对橡胶树的影响［J］.热带作物学报，16（1）：17-28.

张京红，陶忠良，刘少军，等.2010.基于 TM 影像的海南岛橡胶种植面积信息提取［J］.31（4）：661-665.

张美花，鲍思钻，曹茜.2014.用 Excel 快捷推算重现期气象要素极值的分布［J］.农技服务，（11）：109-110.

张淑杰，孙立德，马成芝，等.2015.东北日光温室最大风荷载特征及风灾预警指标研究［J］.资源科学，37（1）：0211-0218.

Everham E M, Brokaw N V L. 1996. Forest damage and recovery from catastrophic wind［J］. The Botanical Review, 62（2）：113-185.

Levine D. 2009. Modeling tail behavior with extreme value theory［J］. Risk Management，（17）：14-18.

8 台风对海南岛橡胶树产胶潜力的影响研究

由于受台风的影响，海南天然橡胶经常遭受严重的风害（何康等，1987）。大风不仅造成橡胶树叶片破损、花果脱落，枝梢折断、树杆倾斜，严重时还会吹倒、刮断橡胶树，造成严重损害。橡胶树受风力胁迫后，其生理状况均比受灾年前同期的水平差（杨少琼等，1995）。因此，准确掌握每次台风对橡胶树产胶将产生何种程度的影响，具有重要的意义。由于遥感技术的发展，有力提升了橡胶树长势在区域尺度上的监测水平，因此可借助遥感手段，通过对比分析研究区橡胶树生产潜力变化来反映其对风害的响应程度，为准确、及时掌握橡胶树产胶状况提供决策依据。关于台风对橡胶树的影响研究，国内研究主要集中在橡胶树风害成因分析（连士华，1984；杨少琼等，1995；刘少军等，2010）、橡胶树风害评估模型（魏宏杰等，2011；刘少军等，2014，2017）、橡胶树风害评估系统（刘少军等，2013）、橡胶风害遥感监测（张京红等，2014；罗红霞等，2013；张明洁等，2014）等方面。2018年，关于台风对橡胶树产胶潜力的影响研究未见报道。因此，以2005年影响海南的台风"达维"为例，通过对比分析研究区2005年橡胶树产胶潜力与2004年同期的变化，揭示风害对橡胶树产量的影响程度。通过风害对橡胶树产胶潜力的影响研究，以期为橡胶树风害产量损失评估提供决策依据。

8.1 数据和方法

数据：2004—2006年MODIS净初级生产力数据来源于网站http://www.ntsg.umt.edu/project/mod17#data-product；海南岛橡胶树种植现状图信息来源于文献唐群锋等（2014），（见图8-1）；海南省行政区划图来源于国

79

家基础地理信息网站提供的 1∶400 万基础地理信息数据（http：//ngcc. sb-sm. gov. cn/）。气象数据来源于海南省气象信息中心。橡胶产量数据来源于海南省 2004—2006 年统计年鉴。

图 8-1　海南岛橡胶树种植分布

方法：

1）橡胶树产胶潜力模型

根据李海亮等（2012a，2012b）提出的橡胶树产胶潜力估算模型，计算每年橡胶树产胶潜力，具体见公式（8-1）：

$$P = \frac{\text{NPP} \times H_i}{2.5} \tag{8-1}$$

式中，P 为天然橡胶产胶潜力（g/m²），NPP 为橡胶林净初级生产力（g/m²，以碳计），H_i 为橡胶树的干物质分配率，本研究中的干物质分配率取值范围 21.0%~28.5%。

2）橡胶树产胶潜力变化率

为确定台风对橡胶的响应程度，采用橡胶树产胶潜力的变化率来反映受台风影响的程度，计算公式如下：

$$B = (P_{2004} - P_{2005})/P_{2004} \tag{8-2}$$

式中，B 表示橡胶潜力变化率（%），P_{2004}，P_{2005} 分别表示 2004 年和 2005 年各年的橡胶产胶潜力。

8.1.1　台风"达维"介绍

0518 号台风"达维"，2005 年 9 月 21 日生成于菲律宾以东洋面，次日进入南海，并逐渐靠近本岛，强度不断加强，于 24 日 02 时发展为强热带风暴，17 时加强为台风，25 日 17 时到 26 日 02 时中心最大风速达 55 m/s，26 日 04 时在万宁三根镇登陆，26 日 17 时从东方出海进入北部湾继续西行，于 27 日 10 时在越南清化二次登陆（图 8-2）。由于强度强、范围大、移向多变，影响时间长，因此对海南的农业和生态造成了严重损害。据统计，其中海南垦区受风害 3 级以上的已开割橡胶树达 3 372 万株，受害率 51.0%，损失金额达 22.4 亿元；未开割树 789.9 万株，受害率 33.9%，损失金额 1.6 亿元（余伟等，2006）。

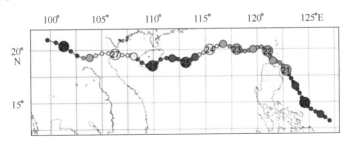

图 8-2　台风"达维"路径

8.2　结果与分析

8.2.1　海南岛 2004—2006 年橡胶树产胶潜力分布

根据卫星遥感数据和橡胶树产胶潜力模型得到了 2004—2006 年海南岛橡胶树产胶潜力的分布，从图 8-3 中可以看出，海南岛橡胶树产胶潜力较大的区域主要集中在海南岛的中部和东部，而在海南岛的西部和北部略偏小。2004 年海南岛年产胶潜力平均值为 99.19 g/m²，最大值为 141.4 g/m²，最小值

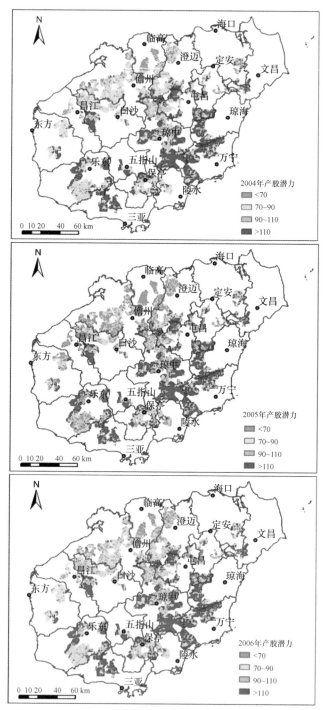

图 8-3　2004—2006 年海南岛橡胶树年平均产胶潜力分布

为 23.84 g/m²；2005 年产胶潜力平均值为 89.17 g/m²，最大值为 133.56 g/m²，最小值为 14.16 g/m²；2006 年产胶潜力平均值为 94.69 g/m²，最大值为 140.98 g/m²，最小值为 14.92 g/m²。可以看出，2005 年橡胶树受台风"达维"影响后，海南岛橡胶树的整体产胶潜力较前一年有明显的下降；然后在次年无台风影响的情况下，橡胶树的整体产胶潜力缓慢回升。

8.2.2　海南岛 2004—2005 年橡胶树产胶潜力变化率

2004 年与 2005 年海南岛橡胶树产胶潜力相比，2005 年海南岛橡胶树整体的产胶潜力减少约 9.9%，其中橡胶树产胶潜力减少最大幅度为 49.6%。从图 8-4 中可以看出，海南岛橡胶树产胶潜力减少在 20%~50% 的区域占整体分布的 4.9%；减少在 10%~20% 的区域占整体分布的 48.4%；减少在 0~10% 之间的区域占整体分布的 40%；部分区域出现了橡胶树产胶潜力增加，其区域约占整体分布的 6.7%。导致 2005 年海南岛橡胶树产胶潜力整体下滑的主要原因是台风"达维"的影响。

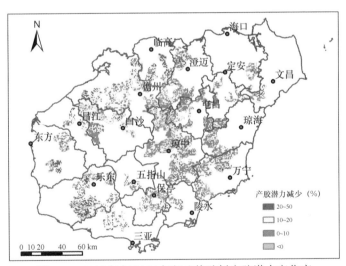

图 8-4　2005 年与 2004 年相比橡胶树产胶潜力变化率

8.2.3　与历史灾情的对比

根据 2004—2007 年海南岛橡胶实际产量数据，海南岛 2004 年橡胶总产

量为 32.9×10⁴ t，而 2005 年受到台风"达维"的影响后，橡胶总产量为 24.8
×10⁴ t，较 2004 年减少约 24.6%，后期产量缓慢回升，2006 年橡胶总产量仅
为 24.75×10⁴ t，2007 年橡胶总产量为 28.06×10⁴ t。以上数据可以说明，海南
岛橡胶树产胶潜力变化直接导致产量的下降。根据 2005 年台风"达维"对橡胶
树影响程度的调查资源分析，可以得到实际受损情况（图 8-5），根据橡胶树风
害等级标准（风害率不大于 5.0% 为轻微风害，5.0%～10.0% 为轻度风害，
10.0%～20.0% 为中度风害，大于 20.0% 为严重风害）（张京红等，2013），从实
际灾情来看，大部分区域分布橡胶树受损超过 20.0%，属于严重风害，在空
间上的分布与遥感反演的橡胶树产胶潜力变化率基本一致，但局部存在一些
差异，主要原因在于，调查统计是以橡胶树断、倒率为基础进行统计。因此，
利用卫星遥感监测其产胶潜力的变化能更客观反映在不同区域橡胶树抗风的
差异及减产的趋势，能从宏观上更清楚地掌握橡胶产量减产的区域与减产的
程度。

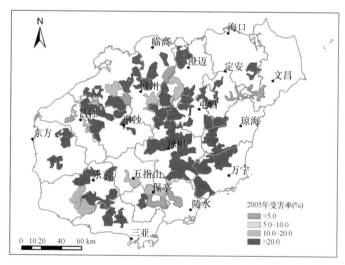

图 8-5   2005 年台风"达维"对海南岛橡胶影响分布

8.3   结论与讨论

基于卫星遥感 NPP 数据和橡胶产胶潜力模型，分析了 2005 年台风"达

维"影响海南岛前后年份的橡胶树产胶潜力变化规律。海南岛橡胶树产胶潜力在空间分布上存在一定的规律，其特征主要体现在东部和中部区域产胶潜力大，其主要原因可能是与气候适宜区分布有关。橡胶树受台风影响后，橡胶树整体的产胶潜力均会较前一年有所下降，然后在次年无台风影响的情况下橡胶树产胶潜力会缓慢回升。

通过对 2005 年台风灾害对橡胶树产胶潜力的影响分析，揭示橡胶树对风害的响应程度和空间分布范围，准确掌握台风灾害前后的变化情况，说明可以利用卫星数据反演的橡胶树产胶潜力的变化情况代表橡胶树受风害的影响程度，可以为大范围开展橡胶树产量灾损评估提供思路。

由于资料的限制，本文仅考虑台风对海南岛橡胶树产胶潜力的影响，下一步将结合橡胶树台风灾损模型与遥感反演的橡胶树产胶潜力变化数据开展对应分析，建立台风灾损与产胶潜力变化相应的关系模型，开展橡胶树产量影响评估。

参考文献

何康，黄宗道 . 1987. 热带北缘橡胶树栽培 [M]. 广州：广东科技出版社 .

李海亮，罗微，李世池，等 . 2012. 基于净初级生产力的海南天然橡胶产胶潜力研究 [J]. 资源科学，34（2）：337-344.

李海亮，罗微，李世池，等 . 2012. 基于遥感信息和净初级生产力的天然橡胶估产模型 [J]. 自然资源学报，27（9）：1610-1621.

连士华 . 1984. 橡胶树风害成因问题的探讨 [J]. 热带作物学报，5（1）：59-72.

刘少军，张京红，蔡大鑫，等 . 2013. 海南岛天然橡胶风害评估系统研究 [J]. 热带农业科学，33（3）：63-66+71.

刘少军，张京红，蔡大鑫，等 . 2014. 台风对天然橡胶影响评估模型研究 [J]. 自然灾害学报，23（1）：155-160.

刘少军，张京红，何政伟，等 . 2010. 基于遥感和 GIS 的台风对橡胶的影响分析 [J]. 广东农业科学，37（10）：191-193.

刘少军 . 2017. 基于 GALES 的海南橡胶林台风风灾评估模型初探 [J]. 热带农业科学，37（5）：51-55.

罗红霞，曹建华，王玲玲，等 . 2013. 基于 HJ-1CCD 的"纳沙"台风 NDVI 变化研究—以海南

省为例 [J]. 遥感技术与应用, 28 (6)：1076-1082.

唐群锋, 郭澎涛, 刘志崴, 等. 2014. 基于 FMT-AHP 的海南农垦花岗岩类多雨区橡胶园地力评价 [J]. 生态学报, 34 (15)：4435-4445.

魏宏杰, 杨琳, 刘锐金. 2011. 物元模型在胶园风害灾情评估中的应用 [J]. 广东农业科学, 3, 168-171.

杨少琼, 莫业勇, 范思伟. 1995. 台风对橡胶树的影响———一级风害树的生理学和排胶不正常现象, 热带作物学报, 16 (1)：17-28.

余伟, 张木兰, 麦全法, 等. 2006. 台风"达维"对海南农垦橡胶产业的损害及所引发的对今后产业发展的思考 [J]. 热带农业科学, 26 (4)：41-43.

张京红, 刘少军, 蔡大鑫. 2013. 基于 GIS 的海南岛橡胶林风害评估技术及应用 [J]. 自然灾害学报, 22 (4)：175-181.

张京红, 张明洁, 刘少军, 等. 2014. 风云三号气象卫星在海南橡胶林遥感监测中的应用 [J]. 热带作物学报, 35 (10)：2059-2065.

张明洁, 张京红, 刘少军, 等. 2014. 基于 FY-3A 的海南岛橡胶林台风灾害遥感监测———以"纳沙"台风为例 [J]. 自然灾害学报, 23 (3)：86-92.

Typhoon 200518 (DAMREY) [EB/OL]. http：//agora. ex. nii. ac. jp/cgi-bin/dt/dsummary. pl？id = 200518&basin = wnp&lang = en, 2018. 4. 13.

9 橡胶树遥感寒害监测

寒害是海南省重大自然灾害之一，尤其是对海南省橡胶、椰子等热带作物造成的损失不可忽视。长期以来，对橡胶树寒害受灾程度、空间分布情况等信息的获取一直沿用传统的实地调查、逐级上报、汇总等方式进行（华南热带作物学院，1989；郑启恩等，2009；高新生等，2009）。传统的灾害调查方法浪费大量人力、财力和时间，寒害调查结果往往难以满足各级政府及时做出抗灾救灾决策的需要。对此，有学者用遥感和 GIS 技术监测寒害冻害（张晓煜等，2001；杨邦杰等，2002；匡昭敏等，2009；何燕等，2009）。谭宗琨等（2010）对 2008 年初广西甘蔗寒冻害进行了遥感监测，监测结果与灾情调查实况一致，灾害面积测算误差小于 5%；张雪芬等（2006）开展小麦冻害遥感监测研究，为客观、定量、快速地评估冻害对冬小麦生长发育的影响起了积极地作用。但是，利用遥感资料进行热带作物寒害监测评估研究的相关报道还比较少。本文以 2008 年初海南岛遭遇强低温阴雨导致橡胶树寒害为例，探索应用遥感开展橡胶树寒害监测的可行性。

橡胶树原产赤道低压无风带，喜高温，怕寒冷（温福光等，1982）：温度小于 12℃时，对代谢作用有不利影响；温度小于 10℃时，易发生爆胶、稍枝干枯、烂脚等症状；低温持续时间越长，积累寒害影响越重。此外，寒害具有滞后性，随着温度逐渐回升，症状才陆续出现，如爆皮流胶、割面树皮坏死、枝梢干枯，甚至整个植株死亡（阚丽艳等，2008，2009）。遥感监测寒害原理是利用寒害对植物叶片的伤害导致近红外反射率下降，造成植被指数（I_{NDVI}）降低的方法。本研究通过计算橡胶树寒害发生前、后及无明显寒害年份同期 I_{NDVI} 值进行比较，分析海南橡胶树受害的空间分布以及受害程度，为开展海南橡胶树寒害监测预警、灾情评估和灾后重建提供科学依据。

9.1 数据和方法

本文采用 NASA USGS 提供的 MODIS MODl3Q1 数据，空间分辨率为 250 m，时间分辨率为 16 d。选取强低温阴雨前（2008-01-01）、后（2008-03-05）以及 2008 年第一蓬叶抽发期（3 月 21 日）与 2007 年无明显低温年份的数据进行对比分析。

气象数据资料为海南省气象局提供。

9.2 结果与分析

9.2.1 基于 MODIS/INDVI 橡胶遥感分析

2008 年持续强低温阴雨天气前、后 I_{NDVI} 值的比较（表 9-1）。从表 9-1 中可以看出，2008 年持续低温阴雨天气发生前（2008-01-01），海南橡胶树种植区（陈汇林等，2010）植被指数 I_{NDVI} 值较高（经研究发现 I_{NDVI} 值 0.6 以上，橡胶长势为良好），I_{NDVI} 值大于 0.6 的情况占 87%，I_{NDVI} 值小于 0.6 的情况仅占 13%；持续低温阴雨结束后（2008-03-05），I_{NDVI} 值急剧下降，0.6 以上仅占 24.7%，大部分地区 I_{NDVI} 值小于 0.6，占 75.3%。对比强低温阴雨灾害前后 I_{NDVI} 值，发现各地橡胶树种植区 I_{NDVI} 值均有不同程度的下降现象。其中，I_{NDVI} 值下降幅度在 0.3 以上，占 2.5%；下降幅度在 0.2~0.3，占 24.2%；下降幅度在 0.1~0.2，占 45.9%；下降幅度在 0.1 以下，占 24.6%，仅有很小的一部分橡胶种植区处于上升情况。就海南岛橡胶树种植区而言，I_{NDVI} 值下降幅度比低温阴雨天气前平均减少 0.15。

表 9-1　2008 年持续低温阴雨天气前后橡胶 I_{NDVI} 值比较

项目	受灾前（2008-01-01）	受灾后（2008-03-05）	项目	2008 年强低温阴雨前后对比
I_{NDVI}	%	%	$\triangle I_{NDVI}$	%
< 0.5	2.43	34.33	<-0.3	2.5
0.5~0.6	10.58	40.96	-0.3~-0.2	24.2
0.6~0.7	36.24	17.91	-0.2~-0.1	45.9
0.7~0.8	42.30	5.78	-0.1~0	24.6
> 0.8	8.45	1.01	> 0	2.8

2008 年强低温阴雨发生前后，海南岛橡胶树种植区 $\triangle I_{NDVI}$ 值变化遥感空间分布图（图 9-1），由图 9-1 可见：严重受灾地区为儋州、白沙大部分地区、澄迈南部、临高南部和琼中北部，以上地区 $\triangle I_{NDVI}$ 值均在 0.3 以上；中等受灾地区在以上地区外，范围扩展到海口南部、屯昌西部和琼海西部，$\triangle I_{NDVI}$ 值在 0.2~0.3；轻度受灾地区在所有橡胶树种植区均有出现。

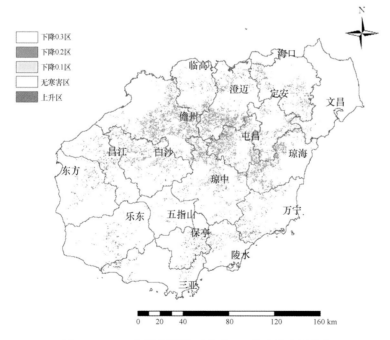

图 9-1　2008 年强低温阴雨前后 I_{NDVI} 值变化空间分布

查阅历年橡胶物候期观测结果，发现橡胶树第一蓬叶抽发时间通常集中在3月下旬。因此，选取橡胶树种植区2008年受灾后（2008-03-21）与无明显寒害年份（2007-03-21）进行比较（表9-2），结果如下：2007年第一蓬叶抽发后，海南橡胶种植区 I_{NDVI} 值绝大部分在0.6以上，占92%，其中大于0.7，占70%，仅有极小部分地区（8.4%）低于0.6；而2008年 I_{NDVI} 值大于0.6，占68%，其中大于0.7，仅占30%，有将近1/3（31%）低于0.6。即2008年橡胶抽叶期 I_{NDVI} 值相对于正常年份，出现了不同幅度的下降：下降幅度大于0.2，占14.6%；下降幅度在0.1~0.2之间，占29.5%；下降幅度在0.1左右，占35%；仅有20.9%的种植区 I_{NDVI} 上升。说明了2008年第一蓬叶抽发、老熟时间与正常年份相比有所延迟，叶量、长势相对较弱，证明了2008年初海南遭遇持续强低温阴雨，导致橡胶遭受严重寒害影响，并引发了后续次生灾害影响，影响到叶片的正常出芽、伸展和老化。

表9-2 2008年与2007年橡胶 I_{NDVI} 值比较

项目	正常年份 （2007-03-21）	受灾后 （2008-03-21）	项目	2008年与2007年 同期对比
I_{NDVI}	%	%	I_{NDVI}	%
< 0.5	2.1	5.8	<-0.3	1.6
0.5~0.6	6.3	25.9	-0.3~-0.2	13.0
0.6~0.7	21.4	39.2	-0.2~-0.1	29.5
0.7~0.8	48.2	25.2	-0.1~0	35.0
> 0.8	22.0	3.9	> 0	20.9

9.2.2 橡胶树寒害气象资料分析与寒害调查

结合前人对海南岛橡胶树寒害的有关指标研究（橡胶栽培学，1989；潘亚茹等，1988；覃姜薇等，2009），本文利用2008年1—2月极端最低温度、日平均气温不大于12℃的积累低温、日平均气温不大于15℃天数和日平均气温不大于10℃天数作为指标因子，进行权重平均分析。计算橡胶树寒害等级分区结果显示见图9-2所示，根据以上指标，2008年强低温阴雨天气过程中，北部海口、澄迈、临高和儋州易发生严重寒害；北部定安、屯昌和中部琼中、白沙易发生中度寒害；东部沿海文昌、琼海、万宁和西部地区易发生轻度寒害；南部地区基本无寒害。

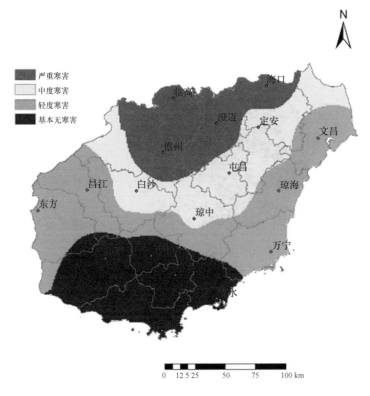

图 9-2 2008 年易发生橡胶树寒害等级分区

中国热带农业科学院橡胶研究所与海南天然性橡胶产业集团股份有限公司，在 2008 年强低温阴雨后，对垦区橡胶树进行寒害调查（覃姜薇等，2009）。结果见图 9-3 显示：3 级以上橡胶树受害株数（在橡胶生产的"技术规程"中，认为遭受等级 3 级及以上寒害，树冠受害 2/3 以上，树皮及茎基受害占全树周 1/2 以上，容易滋生病害，不容易恢复生产）：儋州受害株数最多（这与儋州种植面积有关），澄迈、白沙、琼中、临高和屯昌次之，东北部、东部和西部地区也有一定的受害株数，南部地区受害橡胶很少；受害最严重的为北部和中部地区，其次是东部和西部地区，南部受害较小。

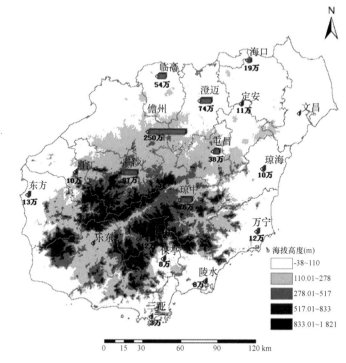

图 9-3 橡胶树寒害受害株数分布

9.2.3 橡胶树寒害验证

2008 年强低温阴雨发生前后，全岛橡胶树种植区遥感反演 $\triangle I_{NDVI}$ 值变化空间分布情况与橡胶树寒害气象资料等级分区、2008 年橡胶树 3 级以上寒害受害株数分区进行验证比较，结果显示：严重寒害区，遥感监测到主要发生在西北部儋州、临高、澄迈、白沙和琼中交界处，这些地区都是易发生严重寒害地区，同时也是橡胶树受害株数最多的地方；中度寒害区，遥感监测到在严重寒害区周边均出现外，还增加了屯昌、琼海西部和海口地区，此地区也是易发生中度寒害地区，同时也是橡胶树受害株数较多的地方；轻度寒害区，遥感监测到五指山及其以北地区的所有植胶区均有出现，包括定安、琼海、文昌、昌江、万宁和五指山等地，均出现 3 级以上的橡胶树寒害受害影响；无寒害区，主要分布在五指山以南地区，包括乐东、报亭、三亚和陵水等地植胶区，该区最冷月平均温度通常大于15℃，实地调查，3级以上橡胶树寒害株数较少或者没有。

以上证明了遥感监测橡胶树寒害的空间分布、寒害强度和受害面积与实际情况较为一致；遥感方法监测橡胶树寒害更为客观、细致和精确（表9-3）。

表 9-3　橡胶树寒害遥感监测验证

对比项目　　　　橡胶树寒害等级	2008年强低温阴雨前后 $\triangle I_{NDVI}$ 值及对应地点值	按易发生橡胶树寒害等级分区	按受害株数定位寒害（3级以上寒害）
严重寒害区	$\triangle I_{NDVI} < -0.3$ 对应地点：儋州、白沙大部分地区、澄迈南部、临高南部和琼中北部	儋州、澄迈、临高和海口	儋州
中度寒害区	$\triangle I_{NDVI}$ 在 $-0.3 \sim -0.2$ 之间对应地点：在以上范围内，增加了澄海口南部、屯昌西部和琼海西部	白沙、琼中、屯昌、定安	澄迈、临高、白沙、琼中、屯昌、海口
轻度寒害区	$\triangle I_{NDVI}$ 在 $-0.2 \sim -0.1$ 之间对应地点：五指山以北地区所有植胶区均有出现	东方、昌江、万宁、琼海和文昌	定安、琼海、文昌、万宁和昌江
无寒害区	$\triangle I_{NDVI} > -0.1$ 之间对应地点：五指山以南地区	五指山以南地区	五指山以南地区

9.3　结论与讨论

9.3.1　结论

（1）对比2008年强低温阴雨发生前后的 MODIS I_{NDVI} 值变化，表明了2008年海南橡胶遭受寒害的影响；对比2007年与2008年橡胶同期 I_{NDVI} 值变化，表明了2008年受寒害影响，导致第一蓬叶抽发、老熟时间与正常年份相比有所延迟，叶量和长势不佳。

（2）利用遥感数据开展橡胶树寒害监测，评估大范围橡胶树种植区寒害的空间分布与实际调查结果情况较为一致。

（3）遥感监测橡胶树寒害严重程度和灾害面积是可行的，而且精度较高，具有客观、省时省力和费用低等优点。

此外，遥感还可以动态监测橡胶树生长情况，不仅可以为各级党政机关、政府和橡胶主管部门进行寒害监测评估工作，及时调整橡胶储备和贸易，还将指导橡胶企业、民营胶农做好"两病"防治和预报翌年橡胶开割期等工作，为减轻寒害天气对橡胶树生长、生产的影响和灾后恢复生产提供参考依据。

9.3.2　讨论

由于橡胶树寒害的特殊性，以及低温对寒害的累加效果，部分受害的橡胶树寒害症状表现不明显，并有一定的滞后性，即受灾后叶片组织对近红外波段的反射率及对红光波段的吸收率的影响变化不大，但随着时间的延长，橡胶树寒害的受害症状才逐渐表现出来，使得 I_{NDVI} 并不能完全反映作物的受害情况。橡胶树寒害主要发生在冬季，持续低温阴雨导致晴天遥感图获取困难，这一情况有待解决。分析中发现受害严重地区，还存在 I_{NDVI} 值上升像元（像元混合、种植抗寒品种、地形小气候等因素），需要进一步分析。

参考文献

陈汇林，陈小敏，陶忠良，等.2010.基于 MODIS 遥感数据提取海南橡胶信息初步研究［J］.热带作物学报，31（7）：1180-1185.

高新生，李维国，黄华孙，等.2009.橡胶树胶木兼优无性系寒害适应性调研初报［J］.热带作物学报，30（1）：5-10.

何燕，李政，徐世宏，等.2009.GIS 支持下的广西早稻春季冷害区划研究［J］.自然灾害学报，18（5）：179-182.

华南热带作物学院编.1989.橡胶栽培学（第二版）［M］.北京：农业出版社.

阚丽艳，谢贵水，崔志富，等.2008.海南省部分农场橡胶树寒害情况浅析［J］.中国热带农业，（6）：29-31.

阚丽艳，谢贵水，陶忠良，等.2009.海南省 2007/2008 年冬橡胶树寒害情况浅析［J］.中国农学通报，25（10）：251-257.

匡昭敏，李强，尧永梅，等.2009.EOS/MODIS 数据在甘蔗寒害监测评估中的应用［J］.应用气象学报，20（3）：360-364.

潘亚茹，高素华.1988.带有周期分量的多元逐步回归在橡胶寒害趋势分析中的应用［J］.热带气象，4（4）：335-340.

覃姜薇，余伟，蒋菊生，等.2009.2008年海南橡胶特大寒害类型区划及灾后重建对策研究［J］.热带农业工程，33（1）：25-28.

谭宗琨，丁美花，杨鑫，等.2010.利用MODIS监测2008年初广西甘蔗的寒害冻害［J］.气象，36（4）：116-119.

温福光，陈敬泽.1982.对橡胶寒害指标的分析［J］.气象，8：33-34.

杨邦杰，王茂新，裴志远.2002.冬小麦冻害遥感监测［J］.农业工程学报，18（2）：136-140.

张晓煜，陈豫英，苏战胜，等.2001.宁夏主要作物霜冻遥感监测研究［J］.遥感技术和应用，16（1）：32-36.

张雪芬，陈怀亮，郑有飞，等.2006.冬小麦冻害遥感监测应用研究［J］.南京气象学院学报，2（1）：94-100.

郑启恩，符学知.2009.橡胶树寒害的发生及预防措施［J］.广西热带农业，120（1）：29-30.

10 寒害事件对橡胶树总初级
生产力的影响研究

　　天然橡胶是我国热带地区的重要支柱产业,气象因子是影响橡胶树种植的关键因素之一(张源源等,2017)。橡胶树总初级生产力(Gross Primary Productivity,GPP)反映的是橡胶树所固定的碳的总量,是碳循环的重要评价指标,一定程度上也能间接反映对产量的影响程度。橡胶树 GPP 具有明显的空间和时间变化特征,其中气候因子是橡胶树生长最直接的影响因素(闫敏等,2016)。2008 年 1 月中旬至 2 月初,中国 19 个南方省、市、自治区先后经历了历史上一次罕见的持续低温天气(陈鹭真等,2010),其中,中国橡胶主产区的海南、广东、云南的屏边等地该时间段的温度均低于同期(丁一汇等,2008)。2008 年,罕见的寒害过程对橡胶树 GPP 造成多大的影响呢?由于遥感技术的发展,有力提升了橡胶树 GPP 在区域尺度上的监测水平,因此可借助遥感手段,通过对比分析研究区橡胶树 GPP 变化来反映其对寒害的响应程度,为准确、及时掌握橡胶产胶状况提供决策依据。

　　针对 2008 年 1—2 月的低温事件,国内外学者开展其对作物的影响研究。如,王静等(2014)根据 2008 年 1 月低温灾害前后的人工针叶林 NPP 变化,评估了中亚热带针叶林的恢复能力;陈鹭真等(2010)开展了 2008 年低温对中国南方红树林的影响研究;刘布春等(2008)分析了 2008 年低温灾害对农业的影响;李盼龙等(2015)分析了贵州植被净初级生产力对 2008 年极端寒冷天气事件的响应;赵志平等(2009)利用遥感数据分析了 2008 年冰雪冻害对森林损毁的情况研究。关于橡胶树寒害的研究大致集中为两类:橡胶树寒害指标和橡胶树寒害个例研究(刘少军等,2015),其中橡胶树寒害指标研究主要涉及日平均气温、日最低气温、寒害有效积寒、辐射型积寒、平流型积寒、极端最低气温、最大降温幅度、寒害持续日数、低温过程的持续日数等指标（岑洁荣，1981；陈瑶等，2013；程建刚等，2013；温福光等，1982），并采用不同指标组合评价橡胶树寒害程度；个例研究主要是评估橡胶树寒害损失（王树明等，2011，2012；陈小敏等，2013；张一平等，2000）。

截至 2018 年，关于寒害对中国橡胶主产区的橡胶树 GPP 的影响程度研究少有报道。因此，选择 2008 年寒害较为严重的时间段，通过对比分析研究区 2008 年橡胶树 GPP 与 2007 年同期的变化，揭示橡胶树对寒害的响应程度，同时利用橡胶树寒害指数开展橡胶树寒害等级与橡胶树 GPP 变化的关系研究。通过寒害对橡胶树 GPP 的影响研究，以期为橡胶树寒害防御提供决策依据。

10.1 数据和方法

10.1.1 数据来源

数据：2007—2008 年 MODIS GPP 数据来源于网站 http://www.ntsg.umt.edu/project/modis/mod17.php；海南、云南、广东的橡胶树种植现状图信息来源于文献郑文荣（2014）；气象数据来源于中国气象科学数据共享服务网（http://cdc.nmic.cn）。

说明：由于福建和广西橡胶产量的总量约占全国总产的 0.06% 左右（2010 年产量基数计算），所以在研究中仅考虑主产区海南、云南、广东的橡胶树种植范围。

10.1.2 橡胶树寒害指数

参考中国气象局发布的《橡胶寒害等级（QX/T169-2012）》行业标准的相关指标（程建刚等，2013），选择极端最低气温、寒害持续日数、辐射型积寒、最大降温幅度、平流型积寒、最长平流型低温天气过程的持续日数作为橡胶树寒害的评价指标，通过对 6 个致灾因子的原始值进行数据标准化处理，按照一定的权重，计算橡胶树寒害指数（公式 10-1），并按橡胶树寒害气象等级划分不同等级（程建刚等，2013），等级划分标准见表 10-1。橡胶树寒害指数计算公式：

$$HI = \sum_{i=1}^{6} a_i X_i \qquad\qquad (10-1)$$

式中，HI 为年度寒害指数，$X_1 \sim X_6$ 分别为标准化值的极端最低气温、寒害持续日数、辐射型积寒、最大降温幅度、平流型积寒、最长平流型低温天气过程的持续日数（陈瑶等，2013；程建刚等，2013）。由于云南省哀牢山以西地区、海南南部等地是以辐射型寒害为主的地区，$a_1 \sim a_6$ 的取值范围分别为（-0.376±0.09、0.312±0.11、0.431±0.03、0.362±0.05、0、0）；在云南省哀牢山以东地区、海南中北部、广东、广西、福建等地是以混合型寒害为主的地区，$a_1 \sim a_6$ 的取值范围分别为（0.154±0.100、0.213±0.07、0.302±0.070、0.100±0.10、0.309±0.060、0.284±0.060）（陈瑶等，2013；程建刚等，2013）。

表 10-1　橡胶树寒害气象等级（程建刚等，2013）

等级	寒害指数（HI）	减产率（yw）参考值	受害率（Z）参考值
轻度	<-0.8	< 10%	<56%
中度	-0.8~0.1	10%~20%	56%~66%
重度	0.1~0.7	20%~30%	66%~76%
特重	> 0.7	> 30%	> 76%

10.1.3　橡胶树 GPP 变化率

为确定橡胶树对寒害的响应程度，采用橡胶树 GPP 的变化率来反映受寒害影响的程度，计算公式如下：

$$B = （GPP_{2008} - GPP_{2007}）/ GPP_{2007} \qquad\qquad (10-2)$$

式中，B 表示橡胶树 GPP 变化率（%），GPP_{2007}，GPP_{2008} 分别表示 2007 年和 2008 年各月橡胶树 GPP。

10.2　结果与分析

10.2.1　橡胶树寒害指数分布

从 2007 年橡胶树寒害指数分布来看（见图 10-1a），整个橡胶树种植区域以轻度−中度寒害为主。从 2008 年橡胶树寒害指数分布来看，广东种植区、云南的屏边、海南北部出现了重度−特重的寒害（图 10-1b）。导致橡胶树寒害指数空间分布差异的主要原因是 2008 年度罕见低温冷害天气的影响，其中 2008 年橡胶树寒害指数严重程度在空间上的分布与 2008 年低温冷害过程期间降温幅度（丁一汇等，2008）的大小基本一致。因此，采用 2007 年 1—4 月代表特大寒害发生前正常年份橡胶树 GPP 的水平，2008 年 1—4 月为特大寒害发生时橡胶树 GPP 水平。

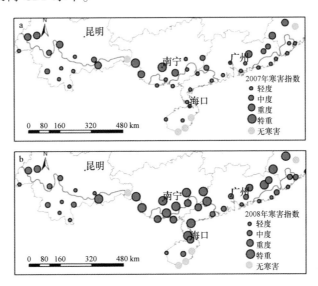

图 10-1　2007 年和 2008 年 1—4 月橡胶树寒害指数分布

10.2.2　2008 年寒害对橡胶树 GPP 的影响

1）2007 年 1—4 月橡胶树 GPP 分布

从 2007 年 1—4 月橡胶树 GPP 的分布来看（见图 10-2），1 月整个橡胶产区的橡胶树 GPP 平均值为 13.71 g/m^2（以碳计），最大值为 22.8 g/m^2（以碳计），最小值为 5.02 g/m^2（以碳计）；2 月整个橡胶产区的橡胶树 GPP 平均值为 14.81 g/m^2（以碳计），最大值为 28.49 g/m^2（以碳计），最小值为 3.69 g/m^2（以碳计）；3 月整个橡胶产区的橡胶树 GPP 平均值为 16.90 g/m^2（以碳计），最大值为 28.84 g/m^2（以碳计），最小值为 4.78 g/m^2（以碳计）；

4 月整个橡胶产区的橡胶树 GPP 平均值为 17.46 g/m² (以碳计), 最大值为 33.27 g/m² (以碳计), 最小值为 6.49 g/m² (以碳计)。

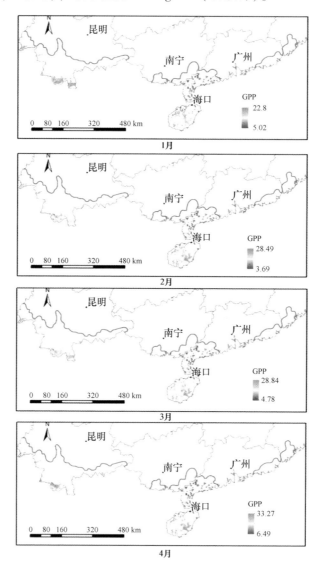

图 10-2   2007 年 1—4 月橡胶树 GPP 分布

2) 2008 年 1—4 月橡胶树 GPP 分布

从 2008 年 1—4 月橡胶树 GPP 的分布来看 (图 10-3), 1 月整个橡胶产区的橡胶树 GPP 平均值为 13.97 g/m² (以碳计), 最大值为 21.8 g/m² (以碳计），最小值为 3.8 g/m² （以碳计）；2 月整个橡胶产区的橡胶树 GPP 平均值为 11.00 g/m² （以碳计），最大值为 21.97 g/m² （以碳计），最小值为 3.37 g/m² （以碳计）；3 月整个橡胶产区的橡胶树 GPP 平均值为 16.54 g/m² （以碳计），最大值为 32.17 g/m² （以碳计），最小值为 5.93 g/m² （以碳计）；4 月整个橡胶产区的橡胶树 GPP 平均值为 17.98 g/m² （以碳计），最大值为 36.33 g/m² （以碳计），最小值为 5.53 g/m² （以碳计）。

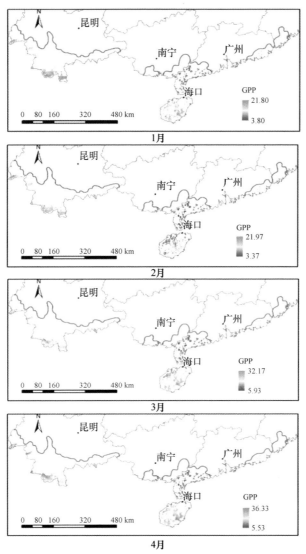

图 10-3　2008 年 1—4 月橡胶树 GPP 分布

3）2008 年寒害对橡胶树 GPP 的影响

就整个研究区而言，由于 2008 年 1—2 月受到冷空气的影响较为严重，1—3 月整个橡胶产区橡胶树 GPP 的最大值和最小值均比 2007 年同期有所减少；其中 2 月减少的程度最大，比 2007 年整体减少 24%；3 月比 2007 年整体减少约 2.41%；而 4 月整体呈现增加趋势，比 2007 年整体增加 2.26%。

从 2008 年 1—4 月橡胶树 GPP 比 2007 年减少的空间分布来看（图 10-4）：1 月，广东橡胶产区的大部分区域均处在减少区域，局部存在减少大于 15%，云南橡胶产区橡胶树 GPP 减少范围在 0~15% 之间；海南大部分区域变化不大，整体有增加趋势；2 月，广东、海南、云南的屏边、江城等地橡胶树 GPP 减少率大于 15%，云南的景洪、瑞丽等地橡胶树 GPP 呈增加趋势；3 月，广东雷州半岛、海南岛西北部、云南的屏边等地橡胶树 GPP 减少率大于 15%，海南岛的东南部、云南的景洪等地橡胶树 GPP 呈增加趋势；4 月，除广东的电白、云南瑞丽等地外，其他大部分区域橡胶树 GPP 呈增加趋势。

10.2.3　橡胶树寒害指数变化与 GPP 变化关系

通过对橡胶树寒害指数和 GPP 变化的关系分析可以得到，橡胶树寒害指数变化与 GPP 变化在空间上存在一定的对应关系，即在同一区域，橡胶树寒害指数大的区域，对应的橡胶树 GPP 的变化也大。但在不同区域，由于气候、橡胶树生产管理及橡胶树品种、树龄等差异的原因，同样寒害指数的差异，导致 GPP 变化的程度并非一致。如，2008 年 1—2 月与 2007 年同期相比，橡胶树寒害指数的变化与橡胶树 GPP 月平均值变化在区域上存在一定差异（图 10-5），在广东橡胶产区，橡胶树寒害指数变化在 1.89~2.2 之间的区域，橡胶树 GPP 月平均值减少范围在 0~5.0 g/m² （以碳计）；在海南橡胶产区，橡胶树寒害指数变化在 1.4~2.0 之间的区域，而橡胶树 GPP 月平均值减少范围在 5.0~14.26 g/m² （以碳计）。导致不同区域橡胶树 GPP 月平均值发生差异的原因可能是低温冷害导致橡胶树物候期的改变而引起的。1—2 月整个橡胶树处于落叶期（叶片黄化、落叶和落叶末期），低温的出现，一方面可能加快了橡胶树的落叶程度，另一方面可能延缓第一蓬叶的生长，因此，

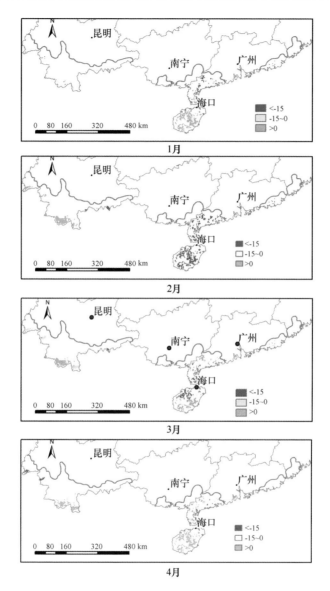

图 10-4 2008 年与 2007 年相比各月（1—4 月）橡胶树 GPP 变化率（%）

橡胶树 GPP 月平均值较同期减少的程度不同。而在 3 月，大部分区域橡胶树 GPP 月平均值减少，主要原因可能是受寒害的影响，橡胶树第一蓬叶抽发期推迟所致；总体而言，整个橡胶产区由于寒害程度不同，橡胶树受影响的程度也有差异。

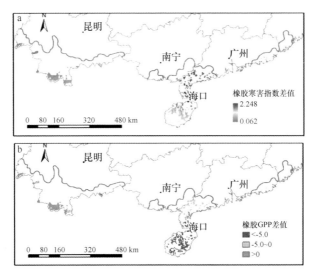

图 10-5 2008 年 1—2 月与 2007 年同期相比寒害指数的差值（a）与橡胶树 GPP 差值（b）

10.3 结论与讨论

10.3.1 结论

2008 年 1—2 月发生的低温灾害，影响范围广、强度大、持续时间长（郑大玮等，2008），因此选择 2008 年的极端低温事件研究寒害对橡胶树种植区的影响具有一定的代表性。根据气象数据得到的橡胶树寒害指数确定了 2007 年 1—4 月为特大寒害发生前正常年份 GPP 的水平，2008 年 1—4 月为特大寒害发生水平，通过对比两个年份不同月份的 GPP 变化，分析橡胶树 GPP 对寒害事件的响应。

（1）通过 2007 年和 2008 年橡胶树寒害指数和橡胶树各月 GPP 数值的变化，可以整体判断橡胶树受害程度及受寒害影响后橡胶树 GPP 减小的情况。因此，采用橡胶树寒害指数能反映橡胶树寒害的程度，一般寒害指数大的区域，橡胶树灾损较重；橡胶树各月 GPP 的变化值能反映橡胶树对寒害的响应程度，GPP 数值与同期相比减少得多，说明其受到寒害影响较重。这样就可以从气象角度和遥感监测的角度分别来监测橡胶树寒害的程度。

（2）通过对橡胶树寒害指数变化与橡胶树 GPP 变化的相关性分析，可以得到一般橡胶树寒害指数大的区域，对应橡胶树 GPP 与同期相比减少较多；但也存在一些区域，同样程度的寒害，导致 GPP 变化的程度并非一致，说明不同品种和树龄的橡胶树具有不同的抗寒能力。如，同样程度的寒害指数，由于广东区域橡胶树对冬季低温的长期适应和种植之前选择了抗寒性较强的品种，提高了橡胶树的抗寒能力；而在海南橡胶产区，同样程度寒害指数的区域，GPP 变化相对大一些。

10.3.2　讨论

受气候因素限制，中国橡胶树种植面积有限，目前中国橡胶树种植区主要分布在海南、云南、广东、广西、福建 5 省。由于我国适宜植胶区域纬度偏北和海拔偏高，橡胶树整个生长过程中受到风、寒、旱等气候灾害的影响。在全球变化背景下，极端天气气候事件概率增加，橡胶树种植面临更大的气象灾害风险。2008 年初的极端低温对中国橡胶产区（海南、广东）造成了不同程度的灾损。由于气候、橡胶生产管理、橡胶品种、树龄等差异的原因，橡胶树 GPP 变化受寒害程度有所差异。特别是 1—2 月橡胶树处于落叶期，橡胶树的 GPP 处于低值区。由于气候的影响，在不同区域橡胶树落叶的时间上稍有差异：如云南省西双版纳橡胶树 1 月上旬至 2 月中旬处于落叶期，2 月下旬至 3 月上旬为快速生长期；如海南，1—2 月处于落叶盛期，2 月下旬海南南部有些区域开始展叶。3—4 月橡胶树处于第一蓬叶期，3—4 月橡胶树 GPP 会明显增加。本文采用的是橡胶树 GPP 月平均值，即通过当月每天的遥感数据提取出橡胶树月平均 GPP，从宏观上体现 1—4 月不同区域橡胶树的物候期存在差异，本研究主要考虑用同期橡胶树 GPP 月平均值变化来反映其对寒害的响应程度。由于资料的限制，本文仅从宏观角度简要分析了寒害对橡胶树 GPP 的影响，关于低温寒害如何具体影响橡胶树 GPP 变化及其影响机制等问题，需要进一步地分析。同时，本文仅以 2008 年南方低温事件为例，根据 2007 年和 2008 年的橡胶总初级生产力的变化来揭示橡胶树对寒害事件的响应，难免不足。

参考文献

岑洁荣.1981.对橡胶树寒害农业气象指标的探讨 [J].农业气象, 3 (1): 64-70.

陈鹭真, 王文卿, 张宜辉, 等.2010.2008年南方低温对我国红树植物的破坏作用 [J].植物生态学报, 34 (2): 186-194.

陈小敏, 陈汇林, 陶忠良.2013.2008年初海南橡胶寒害遥感监测初探 [J].自然灾害学报, 22 (1): 24-28.

陈瑶, 谭志坚, 樊佳庆, 等.2013.橡胶树寒害气象等级研究 [J].热带农业科技, 36 (2): 7-11.

程建刚, 陈瑶, 徐远, 等.2013.中华人民共和国气象行业标准 (QX/T169-2012): 橡胶寒害等级 [M].北京: 气象出版社.

丁一汇, 王遵娅, 宋亚芳, 等.2008.中国南方2008年1月罕见低温雨雪冰冻灾害发生的原因及其与气候变暖的关系 [J].气象学报, 66 (5): 808-825.

李盼龙, 白晓永, 李阳兵.2015.植被净初级生产力对极端寒冷天气事件的响应—以2008年贵州省凝冻为例 [J].长江流域资源与环境, 24 (z1): 98-108.

刘布春, 李茂松, 霍治国, 等.2008.2008年低温雨雪冰冻灾害对种植业的影响 [J].中国农业气象, 29 (2): 242-246.

刘少军, 周广胜, 房世波.2015.1961—2010年中国橡胶寒害的时空分布特征 [J].生态学杂志, 34 (5): 1282-1288.

王静, 温学发, 王辉民, 等.2014.冰雪灾害对中亚热带人工针叶林净初级生产力的影响 [J].生态学报, 34 (17): 5030-5039.

王树明, 付有彪, 邓罗保, 等.2011.云南河口1953年植胶以来气候变化与橡胶树寒害初步分析 [J].热带农业科学, 31 (10): 87-91.

王树明, 胡卓勇, 李芹.2012.2010/2011年冬春滇东南河口、文山植胶区橡胶树寒害调查报告 [J].热带农业科技, 35 (2): 1-8.

温福光, 陈敬泽.1982.对橡胶寒害指标的分析 [J].气象, 8 (8): 33.

闫敏, 李增元, 田昕, 等.2016.黑河上游植被总初级生产力遥感估算及其对气候变化的响应 [J].植物生态学报, 40 (1): 1-12.

张一平, 许再富.2000.1999年西双版纳严重寒害的气象原因初步分析 [J].云南热作科技, 23 (2): 6-8.

张源源, 吴志祥, 王祥军, 等.2017.气象因子与不同产胶特性橡胶树品系早期产量的相关性分析 [J].南方农业学报, 48 (8): 1427-1433.

赵志平, 邵全琴, 黄麟. 2009. 2008 年南方特大冰雪冻害对森林损毁的 NDVI 响应分析——以江西省中部山区林地为例 [J]. 地球信息科学学报, 11 (4): 535-540.

郑大玮, 李茂松, 霍治国. 2008. 2008 年南方低温冰雪灾害对农业的影响及对策 [J]. 防灾科技学院学报, 10 (2): 1-4.

郑文荣. 我国天然橡胶发展情况和产胶趋势 [EB/OL]. http://www.docin. com/p-245944869. html, 2014-6-30.

11   橡胶林长势遥感监测

天然橡胶是典型的热带农产品，用途广泛，与煤炭、钢铁、石油并列四大工业原料，在国民经济中的作用日益突出。其生长对气象条件的变化较为敏感，除了季节性的供应波动外，在割胶季节，反常天气会极大地影响橡胶的产量。因此，及时了解天然橡胶的长势变化规律，防御气象灾害对天然橡胶生长造成的影响，提升天然橡胶生产安全的科技支撑能力具有重要的意义。

近年来，迅速发展的卫星遥感技术被广泛应用于植被长势监测中。例如，许文波等（2007）建立了基于 TERRA/MODIS 数据的冬小麦种植面积遥感监测体系结构，为中国冬小麦种植面积遥感监测提供了一种业务化工作方法。杜子涛等（2008）以新疆石河子地区 2003—2006 年 MODIS 遥感数据反演的 NDVI 时间序列影像为例，分析研究了植被长势的年内和年际变化。张莉等（2012）将遥感技术 RS 和地理信息系统 GIS 技术相结合，利用 EOS/MODIS 数据，实现对湖南省晚稻种植和生长信息的提取。李卫国等（2006）利用 TM 影像数据与实地 GPS 定位相结合的方法，研究了冬小麦返青后叶面积指数及植株氮素含量的变化态势。徐万荣等（2011）分析 2010 年 Landsat TM 影像的反射率和植被指数的相关性，建立了西双版纳地区橡胶林生物量估算模型。杨邦杰等（2002）以山东省为样区，利用气象卫星 NOAA-AVHRR（近极地、与太阳同步的 NOAA 气象卫星搭载的五光谱通道的扫描辐射仪 AVHRR）的晴空数据，根据植被指数 NDVI 突变的特征，提出了实用的遥感冻害监测方法。李亚飞等（2011）以我国 HJ-1 卫星为主要遥感数据源，获取了云南省西双版纳地区 2011 年的橡胶林分布状况。冯海宽（2012）以 2009 年环境卫星的高光谱影像和 2010 年 3 个生育期的环境卫星多光谱数据（HJ-1 CCD）和热红外数据（HJ-1 IRS）以及地面同步测量的光谱反射率数据和理化参数为数据源，对监测北京冬小麦的长势和干旱监测进行了系统研究。刘少军等（2010），张京红等（2010），陈汇林等（2010）分别利用QuickBird卫星影像，Landsat-TM卫星数据，MODIS遥感数据获取了海南岛天然橡胶种植面积信息。不难发现，以上研究中采用的遥感数据源多为EOS/MODIS和Landsat TM等遥感数据，利用我国自主研发的卫星数据较少且对热带作物的遥感监测的研究几乎未见报道。

"风云三号"气象卫星是为了满足中国天气预报、气候预测和环境监测等多方面的迫切需求建设的第二代极轨气象卫星，由FY-3A、FY-3B两颗卫星组成。其搭载的中分辨率光谱成像仪（MERSI），频段范围0.40~12.5 μm，通道数20，扫描范围±55.4°，地面分辨率0.25 km。海南省是我国面积最大、产量最多的橡胶生产基地，其橡胶生产的战略地位具有举足轻重的作用。本研究首次利用我国自主知识产权的FY-3气象卫星数据对海南橡胶林长势进行遥感监测，为FY-3气象卫星资料在海南天然橡胶生产气象服务中的应用奠定了基础。

11.1 数据和方法

11.1.1 研究区概况及资料

海南岛地处北纬18.10′~20.10′，东经108.37′~111.03′之间，面积约3.43×10⁴ km²，是我国仅次于台湾岛的第二大岛，因其得天独厚的自然条件，海南成为我国面积最大、产量最多的橡胶生产基地，橡胶发展状况备受世人瞩目。截至2012年末，海南橡胶种植面积52.57×10⁴ hm²，总产量达39.51×10⁴ t，橡胶年产量占全国天然橡胶总产量的2/3（海南省统计局，2013）。

研究中所用"风云三号"气象卫星数据来源：2009年1月—2011年10月卫星数据来源于国家卫星气象中心下属的广州气象卫星地面站。2011年10月—2012年12月数据来源于"风云三号"气象卫星应用系统一期工程数据接收系统二级区域接收站（三亚站）。从所有数据中筛选出2009年1月—2012年12月FY-3晴空的遥感数据，共150景。

地面样区的选择：利用 GPS 定位技术，根据海南岛橡胶树种植情况的实地调查，实地框定具有一定种植面积，且不含其他任何作物的橡胶树种植区 12 个（纯净样区），作为橡胶监测样本区（图 11-1）。

■ 橡胶监测点

图 11-1　海南岛橡胶监测样本点

下垫面、地形等信息来自海南岛 1∶5 万基础地理信息、海南岛 1∶5 万数字高程模型、海南省土地利用现状图 1∶20 万。各类气象数据来源于海南省气象局地面气象自动观测站。

11.1.2　方法

研究首次利用我国自主知识产权的 FY-3 气象卫星数据对海南橡胶林长势进行遥感监测。首先，根据历年橡胶的种植实况资料，利用 GPS 定位技术，选取橡胶监测样本区。然后，从近 4 年的 FY-3 数据中筛选出晴空的遥感资料，计算近几年逐旬或逐月的 NDVI 值，并采用 Savitzky-Golay 滤波方法，对长时间序列的植被指数进行滤波处理，以消除噪声和云干扰，建立基于长时间序列的橡胶植被指数数据库，进而建立橡胶样本区不同年份的橡胶周年生长植被指数变化曲线，获取样本训练区橡胶不同生长阶段的光谱特征。最后，以当年已知的橡胶种植空间分布的遥感信息为模板，利用 FY-3 数据，分别计算年内任一时次的橡胶 NDVI 及其变化值。

11.1.2.1 植被指数的提取

归一化植被指数（normalized differential vegetation index，NDVI）是选择对绿色植物强吸收的红色可见光通道和对绿色植物高反射和高透射的近红外通道的差异作比值运算。NDVI 对植被生长状况、生产率及其他生物物理、生物化学特征比较敏感，其数值大小能反映植被覆盖变化，并能消除大部分与仪器定标、太阳角、云阴影、地形和大气条件有关辐照度的变化，增强对植被的响应能力，植被指数是代数运算增强的典型应用。因此可以利用橡胶植被指数的变化来分析橡胶林生长状态及植被覆盖度。归一化植被指数的具体计算公式如下：

$$\mathrm{NDVI} = \frac{R_{\mathrm{nir}} - R_{\mathrm{red}}}{R_{\mathrm{nir}} + R_{\mathrm{red}}} \tag{11-1}$$

式中，R_{nir} 表示近红外波段反照率，R_{red} 表示可见光波段（红光）反照率。植被指数具有很强的植被信息表达能力，已成为区域植被变化研究的数据分析工具之一。

11.1.2.2 植被指数的平滑除噪

NDVI 曲线是 NDVI 时间序列数据构成的反映植被生物学特征相随时间变化的最佳指示因子，也是季节变化和人为活动影响的重要指示器（赵英时，2003）。由于云层干扰、数据传输误差、二向性反射等因素的影响，植被冠层随时间变化曲线并非是一条连续平滑的曲线，因此在 NDVI 曲线中总是会有明显的突升或突降。虽然在 NDVI 时间序列数据集中经常采用相邻多天的最大值合成法及云层检测算法等进行图像处理，其数据产品中仍然存在较大的残差，不利于对数据的进一步分析利用，且还可能导致错误的结论。鉴于上述原因，通常采用一些相关算法用于降低噪声水平及对 NDVI 时间序列数据集进行重构。本研究选用 Savitzky-Golay 滤波方法（以下简称"S-G 滤波"）对橡胶林 NDVI 数据进行平滑处理。"S-G 滤波"被广泛地运用于各类数据流平滑除噪（边金虎等，2010），这种滤波器最大的特点在于其滤除噪声的同时可以确保数据信号的形状、宽度不变。

"S-G 滤波"最初由 Savitzky 和 Golay 于 1964 年提出，又称"最小二乘法"或"数据平滑多项式滤波器"，是一种在时域内基于局域多项式最小二乘法拟合的滤波方法。"S-G 滤波"的设计思路是能够找到合适的滤波系数（C_i）以保护高阶距。即在对基础函数进行近似时，不是常数窗口，而是使用高阶多项式，实现滑动窗内的最小二乘拟合。其基本原理是：通过取点 X_i 附近固定个数的点拟合一个多项式，多项式在 X_i 的值，就给出了它的光滑数值 g_i。基于上述"S-G 滤波"原理，橡胶林植被指数 NDVI 时间序列数据的"S-G 滤波"过程可由以下公式计算：

$$Y_j^* = \sum_{i=-m}^{i=m} \frac{C_i Y_{j+i}}{N} \tag{11-2}$$

式中，Y_j^* 为合成序列数据，Y_{j+i} 代表原始序列数据，C_i 为滤波系数，N 为滑动窗口所包括的数据点（2m+1）。

11.2　结果与分析

11.2.1　海南橡胶林植被指数序列的建立

1）年平均值

根据 2009—2012 年海南岛橡胶每旬的 NDVI 数据，计算得到每年的年平均 NDVI（见图 11-2）。2009 年海南岛橡胶 NDVI 值整体较高，NDVI 大于 0.7 的橡胶面积占海南岛橡胶面积的 60.4%，主要位于海南岛中部，白沙西北部、儋州东南部、琼海西南部、万宁西北部，琼中、五指山呈零星分布；NDVI 值在 0.6~0.7 之间的橡胶面积占海南岛橡胶面积的 36.9%，主要分布于沿海各市县，集中于文昌、定安、琼海、海口四市县接壤处。2010 年橡胶 NDVI 值平均较 2009 年有所下降，NDVI 大于 0.7 的橡胶面积仅占海南岛

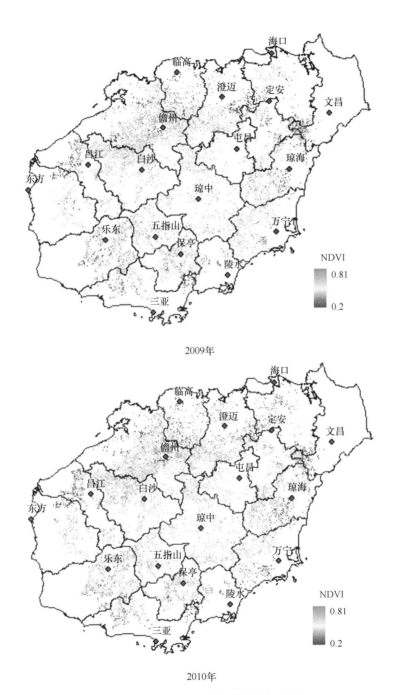

2009年

2010年

图 11-2　2009—2012 年海南岛橡胶林年平均 NDVI

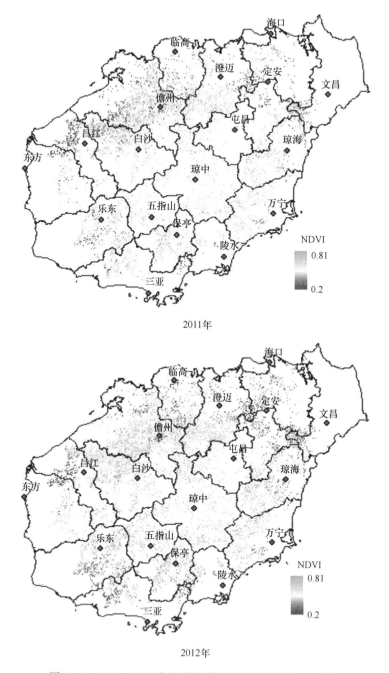

2011年

2012年

图 11-2 2009—2012 年海南岛橡胶林年平均 NDVI（续）

橡胶面积的 30%，儋州、白沙橡胶 NDVI 值下降最多；相应的 NDVI 值在 0.6~0.7 的橡胶面积增加至占海南岛橡胶面积的 65.5%。2011 年橡胶整体 NDVI 值较 2010 年高，NDVI 大于 0.7 的橡胶面积增加了 8.6%。2012 年橡胶 NDVI 值有显著提高，NDVI 大于 0.7 的橡胶面积比值增加至 67.4%，NDVI 在 0.6~0.7 之间的橡胶面积比值增加至 30.9%。总体上，在 2009—2012 年 4 年间海南岛 90% 以上的橡胶 NDVI 值均保持在 0.6 以上，平均值呈现增加的趋势。

2）月平均值

根据 2009—2012 年的海南岛橡胶每旬的 NDVI 数据，计算得到海南岛橡胶每月的 NDVI 平均值。1 月和 2 月橡胶 NDVI 值在全年月份中最低，1 月下旬至 2 月为橡胶落叶期，NDVI 值较低；3—4 月为橡胶开花抽蓬期，橡胶 NDVI 值逐渐增加，中部地区增加较快；海南 5—9 月独特的气候条件为橡胶提供了适宜的生长环境，海南岛橡胶分布较好；10 月因热带气旋、台风等灾害性天气影响，橡胶 NDVI 值分布普遍下降，东北部沿海市县橡胶 NDVI 下降显著，如：海口、定安、文昌、琼海、万宁，西北部的昌江橡胶 NDVI 值也有所下降；11 月橡胶 NDVI 值有所回升；12 月橡胶开始进入落叶期，海南岛橡胶 NDVI 值有所下降（图 11-3）。

在以上研究的基础上，根据提取的逐旬、逐月、逐年的海南岛橡胶归一化植被指数分布图，建立橡胶样本区 NDVI 时间序列，并采用"S-G 滤波"方法，对长时间序列的 NDVI 值进行滤波处理，以消除噪声和云干扰，建立研究区的橡胶周年生长 NDVI 逐旬变化曲线（图 11-4），获取样本训练区橡胶不同生长阶段的光谱特征。

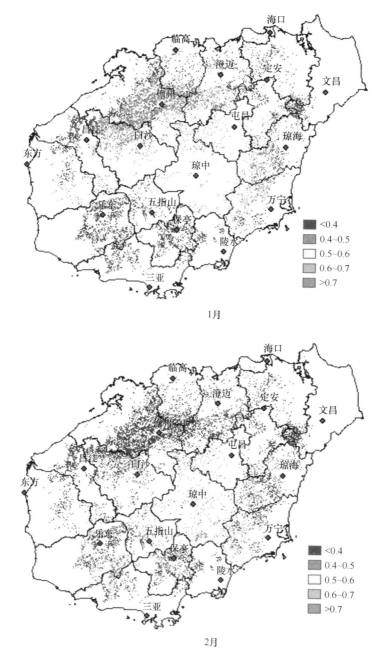

图 11-3　2009—2012 年 1—12 月海南岛橡胶 NDVI 分布

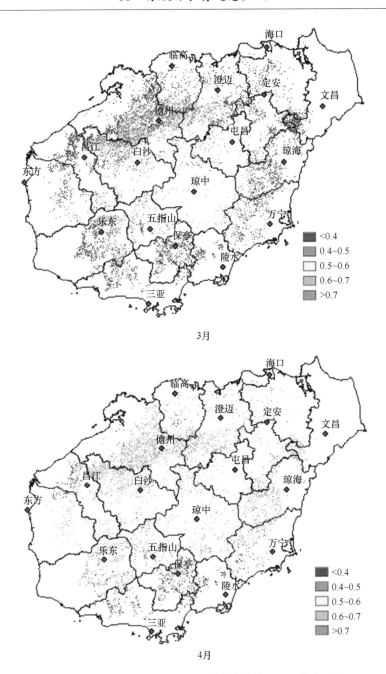

3月

4月

图 11-3 2009—2012 年 1—12 月海南岛橡胶 NDVI 分布（续）

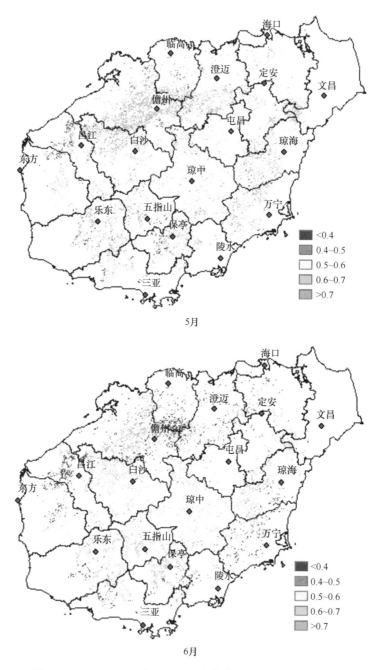

5月

6月

图 11-3 2009—2012 年 1—12 月海南岛橡胶 NDVI 分布（续）

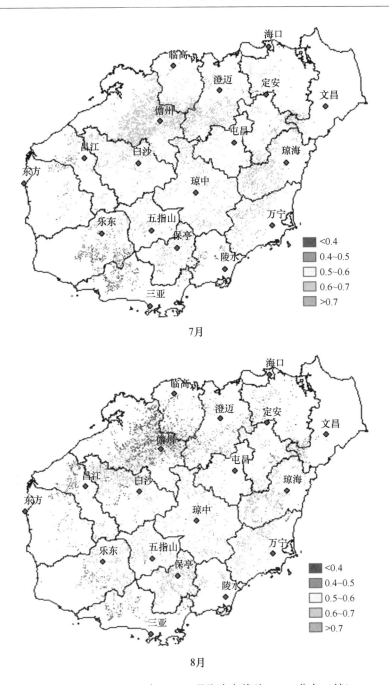

7月

8月

图 11-3　2009—2012 年 1—12 月海南岛橡胶 NDVI 分布（续）

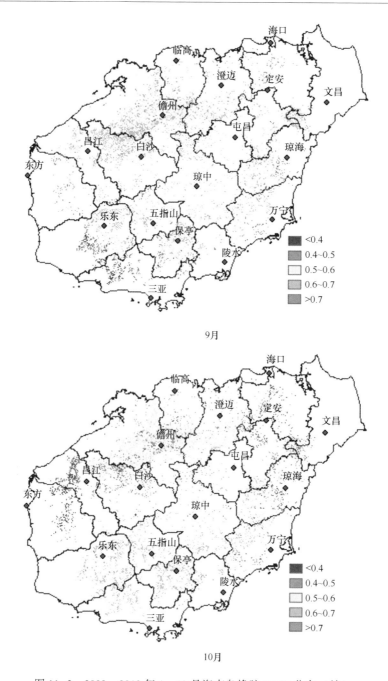

9月

10月

图 11-3 2009—2012 年 1—12 月海南岛橡胶 NDVI 分布 (续)

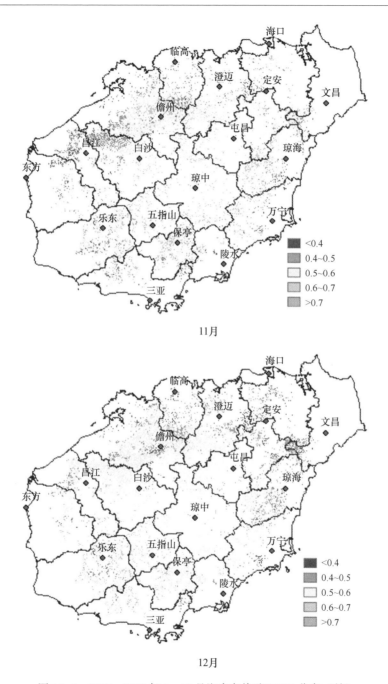

11月

12月

图 11-3　2009—2012 年 1—12 月海南岛橡胶 NDVI 分布（续）

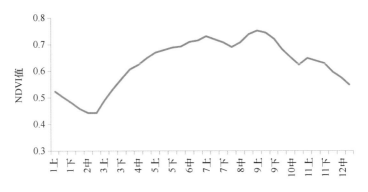

图 11-4　研究区橡胶林周年生长 NDVI 逐旬变化曲线

11.2.2　橡胶林长势遥感动态监测

1）橡胶气象灾害损失等级标准

标准方差是各数据偏离平均数的距离的平均数，能反映一个数据集的离散程度。对某一时段橡胶 NDVI 值的变化值与此时段橡胶 NDVI 值的变化值的标准方差进行比较，可判断此时段橡胶的生长变化情况，因此可依据此进行橡胶林气象灾害损失等级标准的划分。

$$I_{\mathrm{NDVI}_{p(j-i)}} = \sum_{k=1}^{n} I_{(j-i)k}/n \tag{11-3}$$

$$\Delta I_{\mathrm{NDVI}_{p(j-i)}} = I_{(j-i)k} - I_{\mathrm{NDVI}_{p(j-i)}} \tag{11-4}$$

$$\sigma_{(j-i)} = \sqrt{\frac{1}{2}\sum_{k=1}^{n} \Delta I_{\mathrm{NDVI}_{p(j-i)k}}^{2}} \tag{11-5}$$

式中，$I_{\mathrm{NDVI}_{p}}$ 为某一区域某一时段（i，j 之间）NDVI 差值的多年平均值，即常年值；$I_{(j-i)k}$ 为某一区域某一时段（i，j 之间）NDVI 差值的当年值；$\Delta I_{\mathrm{NDVI}_{p(j-i)}}$ 为某区域某年某一时段橡胶 NDVI 变化值与对应时期 NDVI 变化值的常年值之差；σ 是标准方差；i，j 为时段开始和结束时期的代码；k 为对应年份识别号；n 为统计总年份；p 为区域代码。

橡胶林气象灾害等级标准的划分：

若 $0 < \Delta I_{\mathrm{NDVI}_{p(j-i)}}$，则判断为零级，无损失；

若 $-\sigma < \Delta I_{\mathrm{NDVI}_{p}} \leqslant 0$，则判断为一级，损失较轻；

若$-2\sigma < \Delta I_{\text{NDVIm}_{p(j-i)}} \leqslant -\sigma$，则判断为二级，损失中等；

若$\Delta I_{\text{NDVI}_{p(j-i)}} \leqslant -2\sigma$，则判断为三级，损失严重。

2）橡胶林长势监测——以1223热带气旋"山神"为例

根据2012年影响海南的台风路径及造成的损失，选取影响海南岛且较为典型的1223号热带气旋"山神"（强台风级），利用其影响前后晴空质量较好的FY-3A遥感资料对海南岛西部橡胶树种植面积较大的乐东县的橡胶林植被指数（NDVI）进行计算，动态监测台风对橡胶林造成的损失及分布。卫星遥感数据来源于："风云三号"气象卫星应用系统一期工程数据接收系统二级区域接收站（三亚站）。数据接收时间：2012年10月下旬—11月中旬。

1223号热带气旋"山神"风雨概况："山神"于2012年10月24日02时在菲律宾东南部的西北太平洋洋面上生成，26日05时加强为强热带风暴，27日02时加强为台风，27日20时加强为强台风，中心附近最大风力13级（40米/秒），7级大风范围半径380 km，10级大风范围半径120 km。26日08时—29日08时，受强台风"山神"影响，海南岛普降暴雨到大暴雨，其中南部、中部、东部和西部的局部地区出现特大暴雨，琼中、保亭、琼海和东方共有14个自动气象站雨量达300 mm以上。另外，海南岛南部沿海陆地普遍出现10~12级大风，东部、西部和北部沿海陆地普遍出现7~9级大风。

见图11-5所示的监测结果表明，台风"山神"给乐东县橡胶林造成了一定的损害，但由于其是从海南岛西部海域经过，并未登陆，因此造成的绝大部分是轻度损失。对所得结果进行统计分析可知，零、一、二、三级受损橡胶的单元格数分别为1358、2694、758、236。也就是说，受台风"山神"影响，乐东县73.1%的橡胶遭受损失。在遭受损失的橡胶分布区中，绝大部分（73.0%）为轻度损失，仅达到一级损失等级，达到二级、三级损失等级的分别占20.6%和6.4%。各等级损失空间分布较为零散，这可能与当地的小地形、橡胶树栽培方式和防护林建设等有关。应用结果表明，建立的橡胶林台风灾害遥感监测技术方法能够客观精细地对橡胶林台风灾害受灾分布及受灾程度分布进行监测，快速直观地得到受损区域的分布及各区域的受灾程度，较实际调查的方法省时省力且结果客观精确。

图 11-5 乐东县橡胶林台风灾害损失分布

11.3 讨论

本研究选择海南橡胶林作为研究对象，首次利用我国自主研发的 FY-3 气象卫星数据，通过对 2009—2012 年的 FY-3 极轨气象卫星数据进行 "S-G 滤波" 等数据处理，建立了基于 FY-3 卫星数据的橡胶林植被指数序列（包括逐旬、逐月、逐年的 NDVI 序列），能全面真实的反映海南橡胶在不同月份和季节植被的变化规律，为下一步利用植被指数序列监测橡胶重要物候期提供了基础数据；同时，在植被指数序列的基础上，通过 NDVI 值的变化值与此时段橡胶 NDVI 值的变化值的标准方差的比较和结合橡胶的灾情数据，建立了海南橡胶气象灾害损失等级标准，并通过 1223 号热带气旋 "山神" 进行了验证分析，通过该标准可以实现 FY-3 气象卫星数据在橡胶林的灾损监测中的应用，快速直观地反映橡胶受损区域的分布及受灾程度，充分发挥遥感技术手段在台风橡胶长势监测中的作用。

在遥感作物长势监测方面：自 20 世纪 70—80 年代以来，遥感就被用来进行大面积农作物长势监测。在农作物长势、面积等的监测中，国外科学家主要利用适合大面积监测的 NOAA-AVHRR 卫星，随着传感器空间分辨率的提高，MODIS、SPOT、TM、HJ 等数据也被采用（黄青等，2010；Treitz, et al. , 2004；Loveland et al. , 2000；于堃等，2013；吴炳方等，2004；吴素霞等，2005；武建军等，2002）。其中 MODIS 数据由于是免费获取，所以在开展作物长势的动态监测多采用 Terra 和 Aqua 卫星的 MODIS 遥感数据，由于卫星设计寿命为 6 年，现已经超年运行，该数据面临随时中断提供服务的可能。采用的监测指数有：归一化植被指数、增强型植被指数（Enhanced vegetation index，EVI）、重归一化植被指数（RDVI）、三角形植被指数（triangular vegetation index，TVI）、比值植被指数（simple ratio，SR）、绿度归一化植被指数（green normalized difference vegetation index，GNDVI）、水分波段指数（water band index，IWB）、土壤调节植被指数（soil-adjusted vegetation index，SAVI）、光化学植被指数（photochemical reflectance index，PRI）等（李卫国等，2013）。在海南橡胶遥感监测方面：陈小敏等（2013）通过对强低温阴雨发生前后橡胶产区的 MODIS/NDVI 值进行了比较，应用于监测橡胶寒害轻、重和受害面积；刘少军等（2010）利用 MODIS 数据分析了台风"达维"对橡胶的影响；罗红霞等（2013）基于 HJ 星数据分析了台风"纳沙"对海南不同农场植被 NDVI 变化等。该方法仅利用了 NDVI 前后的变化来判断橡胶长势的变化，本文在 FY-3 数据提取的长时间橡胶 NDVI 序列的基础上，通过对某一时段橡胶 NDVI 值的变化值与此时段橡胶 NDVI 值的变化值的标准方差进行比较，判断此时段橡胶的生长变化情况，评价的结果会更稳定。因此，利用中国自主研发的气象 FY-3 卫星开展作物长势的动态监测是一个很好的选择，目前关于利用 FY-3 气象卫星数据开展天然橡胶长势的动态监测的文献还较少。国家卫星气象中心专门设立了"'风云三号'气象卫星应用系统工程应用示范项目"，持续支持相关研究，发挥 FY-3 气象卫星数据的重要作用，拓展卫星资料及其产品的应用领域，使其更快更好地发挥作用。

本研究在海南开展橡胶林长势的动态监测时，发现 FY-3 气象卫星数据往往存在云覆盖的现象，一定程度上影响了监测的精度，下一步将积极探索以 FY-3 微波成像仪数据，全天候开展橡胶长势监测，消除云处理对监测区域的影响，进一步提高监测精度及服务的针对性和时效性。本研究立足于海南橡胶林不同季节植被指数的变化特征，依托地面气象自动站和橡胶林样区观测数据，初步建立了一套时效性比较强、监测范围覆盖全岛、精度相对较高，地面气象监测、橡胶物候监测和遥感监测相结合的立体监测方法。FY-3 气象卫星数据在海南天然橡胶生产气象服务中的应用，是橡胶遥感研究的新尝试，提高了研究区橡胶林遥感长势动态监测的能力和水平，同时对其他地区也将起到引领和示范作用。

参考文献

边金虎，李爱农，宋孟强，等 .2010. MODIS 植被指数时间序列 Savitzky-Golay 滤波算法重构 [J]. 遥感学报（英文版），04：725-741.

陈汇林，陈小敏，陈珍丽，等 .2010. 基于 MODIS 遥感数据提取海南橡胶信息初步研究 [J]. 热带作物学报，31（7）：1181-1185.

陈小敏，陈汇林，陶忠良 .2013. 2008 年初海南橡胶寒害遥感监测初探 [J]. 自然灾害学报，22（2）24-28.

杜子涛，占玉林，王长耀 .2008. 基于 NDVI 序列影像的植被覆盖变化研究 [J]. 遥感技术与应用，23（1）：47—50.

冯海宽 .2012. 基于环境卫星数据的冬小麦长势监测研究 [D]. 辽宁工程技术大学 .

海南省统计局，国家统计局海南调查总队 .2013. 海南统计年鉴 2013 [M]. 北京：中国统计出版社 .

黄青，唐华俊，周清波，等 .2010. 东北地区主要作物种植结构遥感提取及长势监测 [J]. 农业工程学报，26（9）：218-223.

李卫国，王纪华，赵春江，等 .2006. 利用 TM 遥感进行冬小麦苗期长势监测研究 [J]. 全国农业气象与生态环境学术年会论文集 .

李卫国 .2013. 农作物遥感监测方法与应用 [M]. 北京：中国农业科学技术出版社 .

李亚飞，刘高焕 .2011. 基于 HJ-1CCD 数据的西双版纳地区橡胶林分布特征 [J]. 中国科学：信息科学，S1.

刘少军，张京红，何政伟，等 .2010. 基于面向对象的橡胶分布面积估算研究 [J]. 广东农业科学，1：168-170.

刘少军，张京红，何政伟，等.2010. 基于遥感和 GIS 的台风对橡胶的影响分析 [J]. 广东农业科学，46（10）：191-193.

罗红霞，曹建华，王玲玲，等. 2013. 基于 HJ-1CCD 的"纳沙"台风 NDVI 变化研究——以海南省为例 [J]. 遥感技术与应用，28（6）：1076-1082.

吴炳方，张峰，刘成林，等.2004. 农作物长势综合遥感监测方法 [J]. 遥感学报，8（6）：498-514.

吴素霞，毛任钊，李红军，等.2005. 中国农作物长势遥感监测研究综述 [J]. 中国农学通报，21（3）：319-322.

武建军，杨勤业.2002. 干旱区农作物长势综合监测 [J]. 地理学报，21（5）：593-598.

徐万荣，马友鑫，李红梅，等.2011. 西双版纳地区橡胶林生物量的遥感估算 [J]. 云南大学学报（自然科学版），33（S1）：317-323.

许文波，张国平，范锦龙，等.2007. 利用 MODIS 遥感数据监测冬小麦种植面积 [J]，农业工程学报，23（12）：144-149.

杨邦杰，王茂新，裴志远，等.2002. 冬小麦冻害遥感监测 [J]. 农业工程学报，18（2）：136-140.

于堃，王志明，孙玲，等.2013. MODIS 时序数据在县级尺度作物长势监测分析中的应用 [J]. 江苏农业学报，29（6）：1278-1290.

张京红，陶忠良，刘少军，等.2010. 基于 TM 影像的海南岛橡胶种植面积信息提取 [J]. 热带作物学报，31（4）：661-665.

张莉，周清波.2012. 基于 EOS/MODIS 数据的晚稻面积提取技术研究 [D]. 中国农业科学院.

赵英时.2003. 遥感应用分析原理与方法 [M]. 北京：科学出版社.

Loveland T R，Reed B C，Brown J F，et al. 2000. Development of a global land cover characteristics database and IGBP Discover from 1-km AVHRR Data [J]. International Journal of Remote Sensing，21（6/7）：1303-1330.

Treitz P，Rogan J. 2004. Remote sensing for mapping and monitoring land-cover and land-use change：An introduction [J]. Progress in Planning，61：269-279.

12 橡胶树春季物候期的遥感监测

年干胶产量多寡，取决于春季橡胶林第一蓬叶生长状况。第一蓬叶展叶期、稳定期和叶片老化速度，极大影响了叶片生长的数量和质量，从而影响橡胶树开始割胶生产时间，因此，准确识别、快捷方便和大范围监测天然橡胶春季叶片的物候变化尤其显得重要。传统物候研究方法以地面定点观测为主，耗费人力物力、工作周期长和调查成本高等缺点，导致橡胶物候观测资料鲜有记载。近年来，卫星遥感具有重复观测、宏观和成本低廉的观测优点，为物候研究提供了有利条件（李荣平等，2006；陈效述等，2009；张峰等，2004），张明伟等（2006）利用不同遥感信息监测了中国不同区域的水稻等常规作物物候特征，丁美花等（2007，2012）利用遥感资料在广西甘蔗长势监测方面做了很多工作。现有研究大多数为对一年生作物遥感监测物候变化特征。目前，针对多年生大型经济作物橡胶遥感监测，集中在利用不同卫星进行面积提取，如 MODIS（陈汇林等，2010；Dong J W, et al., 2012；田光辉等，2013）、TM（张京红等，2010）、QuickBird（刘少军等，2010）和 HJ 等卫星（余凌翔等，2013），以及橡胶灾害监测研究（Chen B Q, et al., 2012；陈小敏等，2013）针对橡胶树叶片物候期监测研究鲜见报道。归一化植被指数（NDVI）存在植被高覆盖地区容易出现饱和的缺陷，而遥感增强型植被指数（EVI）可以弥补这个缺陷（王正兴等，2016）。因此，本研究利用陈汇林等（2010）在多时相遥感信息识别和空间分布研究的面积提取结果，以 MODIS/EVI 数据源监测橡胶树春季生长动态变化，探讨叶片物候期识别方法，以期为海南橡胶种植产业、割胶作业和林间管理等提供客观、及时和科学的信息。

12.1 数据和方法

12.1.1 研究区概况

海南岛位于中国最南端，北纬 18°10′~20°10′，东经 108°37′~111°03′之间。陆地面积 3.39×10⁴ km²，地貌以山地和丘陵为主，占全岛面积的 38.7%。海南岛地处热带，属热带季风海洋性气候，长夏无冬，降雨充沛，年平均气温 23.1~27.0℃，平均温度不小于 10℃的年积温为 8 300~9 400℃·d，最冷月平均气温 17.4~21.6℃；降水量时空分布不均，年降水量 940.8~2 388.2 mm，雨季为 5—10 月，占年降雨量的 80.4%~90.5%，干季为 11 月—翌年 4 月，降水量只占 9.5%~19.6%；年平均日照时数为 1 827.6~2 810.6 h，年日照百分率为 40%~62%，光温水充足，光合作用潜力高（王春乙，2014）。

12.1.2 数据来源

遥感资料由 NASA USGS 提供（http：//www.nasa.gov）。选择代号为 MOD13 的 MODIS/Terra 的陆地产品数据，空间分辨率为 500 m，时间分辨率为 16 d，每期下载覆盖海南岛区域的 h28v06 和 h28v07 的两帧图幅影像数据。对 MOD13Q1 产品进行的预处理工作包括用 Modis Reprojection Tool 软件进行投影转换、拼接和 EVI 产品抽取，最后通过 GIS 软件进行橡胶种植区域掩膜裁剪。

12.1.3 研究方法

橡胶树年周期生长发育规律，具体表现在物候上分别为：第一蓬叶抽发期、春花期、第二蓬叶抽发期、夏花期、第三蓬叶抽发期、秋果成熟期、冬果成熟期、落叶始期和落叶盛期。物候期是橡胶树本身固有特性和环境条件、农业措施的综合反映，也是确定周年各项农业措施的依据，如开割期和停割期的确定，周年割胶强度的调节，施肥、采种和育苗等农时的安排等（橡胶栽培学，1991）。在橡胶树生长发育和生产过程中，第一蓬叶的叶面积最大，一般占全年总叶面积的 50%~70%，因此监测和保护橡胶树第一蓬叶非常重要。根据顶芽和叶片的生长变化，可将春季第一蓬叶的变化过程细分为抽芽期（三小叶片折叠，紧靠一起）、展叶期（古铜期，三小叶逐渐展开）和稳定期（叶面积停止生长，叶片由淡绿变成浓绿）等叶物候期（橡胶栽培学，1991）。海南岛橡胶树第一蓬叶一般在 3 月开始展叶，南部较早通常在 2 月底，偶有气候异常时期出现在 4 月初；稳定期通常在 4—5 月；叶片老化速度为橡胶叶片展叶期至稳定期过程所经历的时间，通常为 40~60 d。叶片老化速度通常反应叶片生长好坏，当春季光、温、水条件比较适宜，叶片老化速度快，经历时间短，嫩芽嫩叶受害概率小；当出现极端天气气候事件影响，叶片老化速度变慢，老化过程需要的时间长，嫩芽嫩叶生长中受"橡胶两病"（白粉病和炭疽病的俗称）影响的概率增加。该研究对橡胶病害防治、割胶和芽接等生产实践有一定的指导意义。

12.2　结果与分析

12.2.1　海南岛橡胶林春季物候期的 EVI 判断指标

利用海南岛橡胶林 EVI 值的时空分布及变化特征分析判断其所处物候期，主要考虑两个因素：一是不同时段的 EVI 值；二是相邻时段 EVI 值的变化。2001—2014 年 1—5 月海南岛橡胶林平均 EVI 值计算结果见图 12-1，相邻时段（16 d）EVI 的差值分布见图 12-2。

由图 12-1a、12-1b、12-1c 可见，DOY017 至 DOY049（1 月 17 日至 2 月 18 日），海南岛大部分地区 EVI 值小于 0.4，占 90% 左右，尤以 DOY033 和 DOY049 的 EVI 值处于全年低值，EVI 值小于 0.3 的面积比例分别占海南岛橡胶树种植区域面积的 23.9% 和 25.7%，该时期处于橡胶林落叶期；图 12-1d 中，DOY065（3 月 5 日），海南岛 91% 的橡胶树种植区域 EVI 值在 0.3~0.4，该时期橡胶叶片处于萌动状况；图 12-1e 至图 12-1i 中，DOY081 至 DOY145（3 月 22 日至 5 月 25 日）EVI 值以大于 0.4 为主导，占海南岛橡胶面积的比例从 70.2% 上升至 97.7%，该时期橡胶叶片经历抽芽、展叶和稳定期，其中，

EVI 值大于 0.5 的区域比例也由 12.6%上升至 68.4%，说明该时段为叶片快速生长至稳定阶段。由此可见，从叶片萌动至叶片抽出嫩叶（DOY033 至 DOY081），大部分区域 EVI 值迅速上升至 0.4 以上，故认定 EVI 值为 0.4 即为叶片展叶期；橡胶叶片展叶至稳定期，即 DOY113 至 DOY145，海南岛 EVI 值大于 0.5 区域所占的比例变化不大，可见该阶段橡胶叶片长势趋于稳定期。

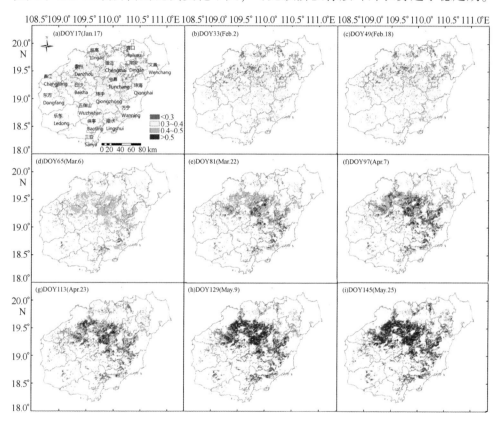

图 12-1　橡胶林遥感 EVI 值时空分布

相邻时段（16d）EVI 值的变化，定义为用当前时段日序的 EVI 值减去前一个时段日序的 EVI 值（例如 DOY33 减 DOY17）。EVI 值的变化差值为负表示绿度减少，说明叶片减少即橡胶处于落叶期；为正表示绿度增加，说明叶片增多即橡胶处于抽叶期。相邻时段的 EVI 的差值分布见图 12-2，图 12-2a、12-2b、12-2c 中，EVI 差值均为负，表示 1 月 17 日—2 月 18 日（即 DOY17

减 DOY1，DOY33 减 DOY17，DOY49 减 DOY33）橡胶树处于叶片黄化、落叶和落叶末期，其中，2 月 18 日（DOY049 减 DOY033）海南岛南部地区 EVI 差值出现正值，说明南部橡胶第一蓬叶片开始展叶；3 月 5 日（DOY065 减 DOY049）和 3 月 22 日（DOY081 减 DOY065）EVI 差值都处于正值，尤其是 DOY081 减 DOY049，涨幅较大，EVI 差值大于 0.1 占 71.6%，说明该时段海南岛范围橡胶第一蓬叶普遍进入展叶期。之后，EVI 差值变化幅度减小，尤其是 5 月 9 日（DOY129 减 DOY113）EVI 变化幅度在 ±0.05 之间，说明橡胶叶片生长进入稳定期。

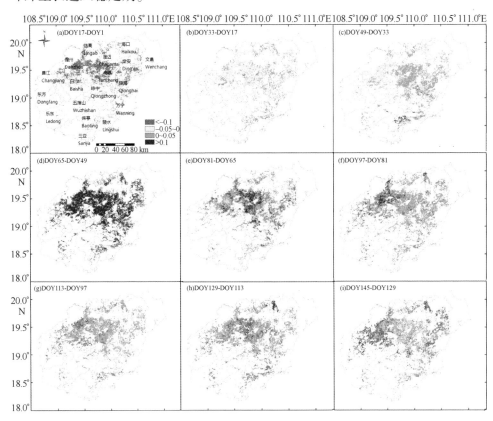

图 12-2　橡胶遥感 EVI 值相邻时段（16 d）差值的时空分布

综上所述，3 月 5—22 日时间段，EVI 差值为正值，且此后 EVI 差值迅速增大，故认为该日为橡胶普遍进入第一蓬叶展叶期，对应的海南岛橡胶种植区域平均 EVI 值约为 0.4，以东南和南部地区最早出现，其次是东部和中东部地区，最后是西北部和中部地区。至 5 月 9 日左右，EVI 差值趋于稳定，在其变幅±0.05 内波动，故认为该时段为橡胶树叶片生长进入稳定期，对应的海南岛橡胶种植区域平均 EVI 值约为 0.50。

12.2.2 海南岛橡胶林春季物候期的反演

以橡胶林遥感平均 EVI 值 0.40 作为橡胶第一蓬叶展叶期，平均 EVI 值 0.50 作为稳定期的判断标准，对 2001—2014 年遥感资料数据进行回代检验。反演的橡胶叶片物候期时间如图 12-3 所示，由图可见，橡胶展叶期主要出现在 3 月中旬前期，其中最早出现在 2009 年 2 月 23 日，最晚出现在 2005 年 4 月 20 日，最早和最晚展叶期相差 56 d；橡胶叶片稳定期主要出现在 5 月上旬，其中最早出现在 2002 年 4 月 4 日，最晚出现在 2005 年 5 月 30 日，最早和最晚稳定期相差 56 d；橡胶叶片老化时间长度也不尽相同，平均在 50 d，其中最短为 29 d（2002），最长为 76 d（2007），两者相差 47 d。

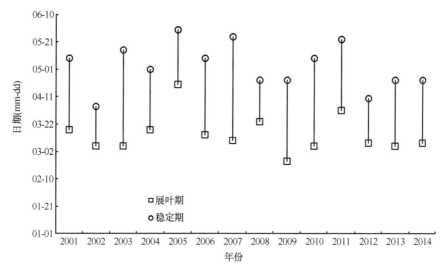

图 12-3　橡胶叶片物候期及老化时间速度分析

12.2.3 结果验证

采用 2001—2014 年海南省儋州市南丰镇那王村（北纬 19°24′20″，东经

109°33′44″）橡胶物候站点观测数据对研究结果进行验证。木本植物物候观测规范标准中，没有稳定期的观测，本文仅对比展叶期日期。橡胶展叶期遥感提取日期和人工实际观测日期对比见表 12-1 所示，结果表明：人工观测展叶期日期在 3 月上旬，比遥感提取的展叶期日期平均要早 8.2 d；气象灾害影响年份，两者相差天数较大。由于人工物候观测是定点观测，范围较小，仅能代表某地域情况，不能代表全岛的平均物候期；而且近年来，人工观测物候业务也将逐步取消观测。遥感提取展叶期日期是整个植被冠层物候，不仅受遥感空间分辨率的影响，也受地域植被差异的平均值影响，通常出现滞后现象，即遥感获取植被生长季开始日期要晚于地面人工观测日期（陈效述等，2000；Zhang X Y，et al.，2003），本文的研究结果与之相一致。故遥感提取橡胶展叶期日期可以用来研究海南岛区域橡胶物候变化态势。

表 12-1　不同测量方法的展叶期日期比较

年份 \ 日期	遥感提取日期	人工观测日期	相差天数（d）
2001	3 月 18 日	3 月 6 日	12
2002	3 月 6 日	2 月 18 日	16
2003	3 月 6 日	2 月 28 日	6
2004	3 月 18 日	2 月 26 日	20
2005	4 月 20 日	2 月 19 日	60
2006	3 月 14 日	3 月 9 日	5
2007	3 月 10 日	3 月 17 日	-7
2008	3 月 24 日	4 月 5 日	-12
2009	2 月 23 日	2 月 28 日	-5
2010	3 月 6 日	2 月 28 日	6
2011	4 月 1 日	3 月 15 日	-9
2012	3 月 8 日	3 月 12 日	-4
2013	3 月 6 日	2 月 14 日	20
2014	3 月 8 日	3 月 1 日	7

12.3 结论与讨论

12.3.1 结论

（1）利用遥感影像 MODIS/EVI 数据监测橡胶动态变化，具有省时省力、节约费用和信息更新快等优点。本研究通过监测海南岛橡胶林的遥感信息资料，分析春季 EVI 值的时空分布及变化特征，判断橡胶第一蓬叶展叶期、稳定期和老化速度。

（2）本研究通过分析不同时段的 EVI 值与相邻时段 EVI 值变化值，发现 3 月 5—22 日 EVI 差值从负值转化为正值，且迅速增大，EVI 增长值普遍大于 0.1，认为是橡胶第一蓬叶展叶期，对应的平均 EVI 值约为 0.4。5 月 9 日左右，EVI 变化幅度趋于稳定，在 ±0.05 内波动，认为该时段为橡胶进入稳定期，对应的平均 EVI 值约为 0.50。

（3）对 2001—2014 年历史 EVI 值回代分析，结果显示橡胶展叶期普遍出现在 3 月中旬前期，稳定期普遍出现在 5 月上旬，叶片老化时间长度平均在 50 d。其中，遥感监测展叶期的时间比人工观测偏晚 8.2 d。

12.3.2 讨论

（1）遥感方法监测橡胶长势动态变化，分析其物候期时间，监测范围广、操作简便，但其精度还有待进一步提高。

（2）文中验证物候期为点观测数据日期，遥感监测得到的是区域物候期日期，两者平均相差 8.2 d，与前人研究结果一致（陈效述等，2000；Zhang et al.，2003）。说明 MODIS/EVI 指数可以用来监测天然橡胶物候变化态势。同时，物候观测的点数据和遥感监测的面数据两者如何更好的结合分析，有待深入研究。

（3）如何利用遥感动态变化，建立海南全岛范围内的橡胶长势监测模型和产量估算模型，为海南政府决策、海胶集团橡胶期货和橡胶种植农户田间管理提供技术参考将成为下一步工作重点。

参考文献

陈汇林，陈小敏，陈珍丽，等.2010. 基于 MODIS 遥感数据提取海南橡胶信息初步研究 [J]. 热带作物学报，31（7）：1181-1185.

陈小敏，陈汇林，陶忠良.2013.2008 初海南橡胶寒害遥感监测初探 [J]. 自然灾害学报，22（1）：24-28.

陈效述，谭仲军，徐成新.2000. 利用植物物候和遥感资料确定中国北方的生长季节 [J]. 地学前沿，7：196.

陈效述，王林海.2009. 遥感物候学研究进展 [J]. 地理科学进展，28（1）：33-40.

丁美花，谭宗琨，李辉，等.2012. 基于 HJ-1 卫星数据的甘蔗种植面积调查方法探讨 [J]. 中国农业气象，33（2）：265-270.

丁美花，钟仕全，谭宗琨，等.2007.MODIS 与 ETM 数据在甘蔗长势遥感监测中的应用 [J]. 中国农业气象，28（2）：195-197.

华南热带作物学院.1991. 橡胶栽培学（第二版）[M]. 农业出版社，18-29.

李荣平，周广胜，张慧玲.2006. 植物物候研究进展 [J]. 应用生态学报，17（3）：541-544.

刘少军，张京红，何政伟，等.2010. 基于面向对象的橡胶分布面积估算研究 [J]. 广东农业科学，37（1）：168-170.

田光辉，李海亮，陈汇林.2013. 基于物候特征参数的橡胶树种植信息遥感提取研究 [J]. 中国农学通报，29（28）：46-52.

王春乙.2014. 海南气候 [M]. 北京：气象出版社，1-35.

王正兴，刘闯，陈文波，等.2006.MODIS 增强型植被指数 EVI 与 NDVI 初步比较 [J]. 武汉大学学报（信息科学版），31（5）：407-411.

余凌翔，朱勇，鲁韦坤，等.2013. 基于 HJ-1CCD 遥感影像的西双版纳橡胶种植区提取 [J]. 中国农业气象，34（4）：493-497.

张峰，吴炳方，刘成林，罗治敏.2004. 利用时序植被指数监测作物物候的方法研究 [J]. 农业工程学报，20（1）：155-159.

张京红，陶忠良，刘少军，等.2010. 基于 TM 影像的海南岛橡胶种植面积信息提取 [J]. 热带作物学报，31（4）：661-665.

张明伟.2006. 基于 MODIS 数据的作物物候期监测及作物类型识别模式研究 [D]. 武汉：华中农业大学.

张学霞，葛全胜，郑景云.2003. 遥感技术在植物物候研究中的应用综述 [J]. 地球科学进展，18（4）：534-544.

Chen B Q, Cao J H, Wang J K, et al. 2012. Estimation of rubber stand age in typhoon and chilling injury afflicted area with Landsat TM data: a case study in Hainan Island, China [J]. Forest Ecology and Management, 274: 222-230.

Dong J W, Xiao X M, Sheldon S, et al. 2012. Mapping tropical forests and rubber plantations in complex landscapes by integrating PALSAR And MODIS imagery [J]. ISPRS Journal of Photogrammetry and Remote Sensing, 74: 20-33.

Zhang X Y, Friedl M A, Schaaf C B, et al. 2003. Monitoring vegetation phenology using MODIS [J]. Remote Sensing of Environment. 84 (3): 471-475.

13 海南岛橡胶林碳汇空间分布研究

海南岛作为我国热带森林的代表性地区，碳汇作用显著。其中，热带林和经济林是海南岛森林碳储量的主体组成部分，据统计，两者森林碳储量占整个海南岛总碳储量的80%~90%（曹军等，2002）。而在经济林中，橡胶林是最重要的一种人工经济林，具有较大的碳汇价值（魏宏杰等，2012）。在森林碳汇计算方面，森林碳汇估算方法具有一定适用性的同时也都存在着各自的局限性，最为广泛的有3种方法：①样地清查法②涡度相关法③基于遥感的模型模拟法（曹吉鑫等，2009）。如在样地清查法方面：方精云等（2007，2002，1996；Jingyun Fang et al.，2001）提出了换算因子（BEF）与林分材积（x）的倒数函数关系，建立换算因子连续函数法；随后，相关的学者大都采用该方法进行森林碳汇的估算工作：如闫学金等（2008）利用该方法对海南2008年森林碳汇量进行了估算；王锐等（2011）对重庆市渝北区森林碳汇量估算；董方晓等（2010）对辽宁省森林碳汇量的估算；涡度相关法是利用涡度通量塔等进行观测，该方法是目前公认的测量地–气交换最好的方法之一，国内外已经被广泛应用（曹吉鑫等，2009），全球通量网络（FLUXNET）内的大部分研究小组主要利用涡度相关技术测定陆地生态系统各种植被与大气间CO_2、H_2O和能量通量等。如谢五三等（2009）对涡度相关法观测的淮河流域农田生态系统通量进行了分析；吴志祥等（2010）利用涡度通量塔测定了橡胶林生态系统的CO_2通量，并进行了初步分析；朱治林等（2004）开展了非平坦下垫面涡度相关通量的校正方法研究；温学发等（2004）分析了涡度相关技术估算的植被/大气间净CO_2交换量中的不确定性。应用遥感的模型模拟法，在模型、尺度转换问题等方面面临着需要改进的难题。在模型方面：马晓哲等（2011）在荷兰瓦格宁根大学开发的CO_2FIX模型的基础上，对中国各省、市、自治区的森林碳汇量进行估计；汤洁等（2013）利用CASA模型计算了吉林西部植被净初级生产力和估测吉林西部植被碳汇量；在降尺度方面：Kindermann 等（2008）采用降尺度方法绘制了全球森林碳分布图；刘双娜等（2012）基于遥感降尺度估算中国森林生物量的空间分布；戴铭等（2011）基于森林详查与遥感数据降尺度技术估算中国林龄的空间分布；张茂震等（2009）根据浙江临安市森林资源清查样地数据和同年度 TM 影像数据，通过模拟和尺度转换，进行了森林碳制图。

　　海南岛是我国天然橡胶主产区之一，橡胶林作为热带地区一种重要人工经济林，由于传统普查数据以行政边界为单位进行统计，不能很好体现同一区域不同地点橡胶碳密度的差异。而遥感数据能在空间上较好体现橡胶的空间分布信息，但存在不确定性等因素的制约，而不能直接用于碳汇的估算，因此，采用遥感与天然橡胶普查数据相结合的方式，采用降尺度的方法计算海南岛橡胶林碳汇空间分布，空间分辨率达到 250 m × 250 m，为管理决策者详细了解海南岛橡胶林碳汇的空间分布差异提供参考。

13.1　数据和方法

13.1.1　数据

　　2011 年，海南岛 MODIS 遥感数据集、TM 遥感数据提取海南天然橡胶空间分布图，具体方法参考文献张京红等（2010）、刘少军等（2010）、2011 年海南岛气象数据，包括温度、辐射、降水、蒸散量等（来源：海南省气象局）、DEM 数据（来源：http：//srtm. csi. cgiar. org）、2011 年海南天然橡胶普查数据。

13.1.2　方法

　　采用换算因子连续函数法进行橡胶碳汇密度的估算、利用光能利用率模型（Carnegie-Ames-Stanford Approach，CASA）进行 2011 年天然橡胶 NPP 均值的计算；空间降尺度技术实现天然碳密度分布。具体技术流程见图 13-1。

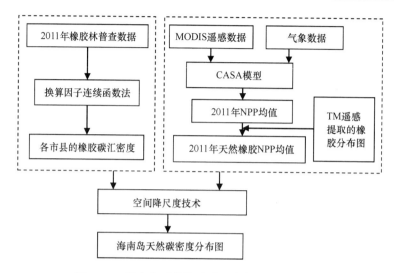

图 13-1　海南岛天然橡胶碳汇密度分布技术流程

1）天然橡胶碳汇密度的估算

采用的方法是通过林木蓄积来估算生物量，然后根据生物量计算碳汇量，最后根据林地面积计算碳汇密度。①天然橡胶生物量估算：借鉴方精云等（2001）的研究成果：生物量是换算因子 BEF 与该森林类型蓄积的乘积，推出的生物量的计算公式 13-1。根据海南天然橡胶的特点（Jingyun Fang et al.，1998；闫学金等，2008），确定了海南天然橡胶具体换算因子，根据公式13-2 估算海南岛各市县的天然橡胶生物总量。②天然橡胶碳汇量估算：单位生物量的含碳量称为碳汇量的转换系数，而天然橡胶碳汇量即等于生物量与转换系数的乘积，根据文献曹军等（2002）、闫学金等（2008），取转换系数为 0.45。③利用碳汇密度＝碳汇总量/面积，计算海南岛各市县的天然橡胶碳汇密度值。

$$Y = \text{BEF} \times X = aX + b \tag{13-1}$$

式中，Y 表示林分生物量，X 表示森林类型蓄积量，a，b 表示换算系数；

$$Y_{橡胶树} = 0.797\,5X + 0.420\,4 \tag{13-2}$$

2）净初级生产力的估算

根据 MODIS 遥感数据，利用光能利用率模型（CASA）提取海南岛 2011年天然橡胶初级生产力（NPP）平均空间分布数据。该模型主要由植被吸收

的光合有效辐射（APAR）和光能转化率（ε）两个变量确定，CASA 模型
NPP 计算表达式为：

$$\text{NPP}(x,\ t) = \text{APAR}(x,\ t) \times \varepsilon(x,\ t) \qquad (13\text{-}3)$$

式中，APAR $(x,\ t)$ 和 ε $(x,\ t)$ 分别表示为遥感图像上天然橡胶的栅格单
元 x 在 t 月的光合有效辐和光能利用率（Kindermann G E et al.，2008）。

（1）光合有效辐射（APAR）

光合有效辐射（APAR）的计算见公式（13-4），其中 FPAR $(x,\ t)$ 和
SOL $(x,\ t)$ 分别表示为遥感图像上的天然橡胶栅格单元 x 在 t 月植被层对入
射光合有效辐射的吸收比例和太阳总辐射。

$$\text{APAR}(x,\ t) = \text{SOL}(X,\ T) \times \text{FPAR}(x,\ t) \times 0.5 \qquad (13\text{-}4)$$

$$\text{FPAR}(x,\ t) = \frac{\left[\text{NDVI}(x,\ t) - \text{NDVI}_{i,\ \min}\right]}{(\text{NDVI}_{i,\ \max} - \text{NDVI}_{i,\ \min})} \times (\text{FPAR}_{\max} - \text{FPAR}_{\min}) + \text{FPAR}_{\min}$$

$$(13\text{-}5)$$

太阳总辐射（SOL）根据海口、三亚 2011 年逐年各月的总辐射、日照百
分率及海南岛其他地区同时段逐年各月的日照百分率，依据无辐射观测地区
太阳总辐射量推算方法（刘双娜等，2012），分别计算海南岛其他 16 个的太
阳总辐射量，并采用 ARCGIS 软件插值运算得到 250 m × 250 m 空间分辨率海
南岛太阳总辐射。FPAR 的计算公式见（13-5），$\text{NDVI}_{i,\max}$ 和 $\text{NDVI}_{i,\min}$ 分别代
表天然橡胶的 $\text{NDVI}_{\max}$，$\text{NDVI}_{\min}$ 最大值和最小值，$\text{FPAR}_{\max}$，$\text{FPAR}_{\min}$ 分别取
0.95 和 0.001（朱文泉等，2006）。

（2）光能转化率（ε）

天然橡胶的光能转化率（ε）是在一定时期单位面积上生产的干物质中
所包含的化学潜能与同一时间投射到该面积上的光合有效辐射能之比。主要
考虑温度和水分的影响，具体计算见公式（13-6）。

$$\varepsilon(x,\ t) = T_{\varepsilon 1}(x,\ t) \times T_{\varepsilon 2}(x,\ t) \times W_{\varepsilon}(x,\ t) \times \varepsilon_{\max} \qquad (13\text{-}6)$$

$T_{\varepsilon 1}$ $(x,\ t)$，$T_{\varepsilon 2}$ $(x,\ t)$ 分别表示低温和高温对光能利用率的胁迫作用，
具体计算见公式（13-7）和（13-8），式中 T_{opt} (x) 为植被生长的最适温
度，定义区域一年内值达到最高时的当月平均气温（朱文泉等，2006）；根据
MODIS 遥感数据提取的天然橡胶 NDVI 数据集，海南天然橡胶 NDVI 在每年
的 8 月出现最高值，因此 T_{opt} (x) 取 2011 年 8 月的平均气温参与运算。

$$T_{\varepsilon 1}(x, t) = 0.8 + 0.02 \times T_{opt}(x) - 0.000\ 5 \times [T_{opt}(x)]^2 \qquad (13-7)$$

$$T_{\varepsilon 2}(x, t) = 1.184/\{1 + \exp[0.2 \times (T_{opt}(x) - 10 - T(x, t))]\}$$

$$\times 1/\{1 + \exp[0.3 \times (- T_{opt}(x) - 10T + (x, t))]\} \qquad (13-8)$$

$W_{\varepsilon}(x, t)$ 表示水分胁迫影响系数，具体计算方法见公式（13-9），其中 $E(x, t)$ 和 $E_p(x, t)$ 表示实际蒸散量和潜在蒸散量。

$$W_{\varepsilon}(x, t) = 0.5 + 0.5 \times E(x, t)/E_p(x, t) \qquad (13-9)$$

ε_{max} 表示理想条件下天然橡胶的最大光能利用率，根据李海亮等（2012）的研究结论，取 $\varepsilon_{max} = 0.692$ g/MJ（以碳计）。

（3）净初级生产力的计算

采用 CASA 模型，首先计算海南岛 2011 年各月净初级生产力，然后在 ARCGIS 中通过栅格运算，计算 2011 年海南岛天然橡胶月平均净初级生产力，具体分布如图 13-2。

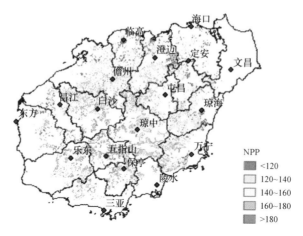

图 13-2　2011 年海南岛天然橡胶月平均净初级生产力

3）降尺度方法

本文所指的降尺度技术是将天然橡胶以市县行政边界为单位计算的碳汇密度，通过遥感数据反演的 NPP，转换为 250 m × 250 m 的空间网格上，更清晰地体现天然橡胶碳汇密度在空间上的分布的差异。降尺度方法主要参考文献 Kindermann G E 等（2008）、刘双娜等（2012）、戴铭等（2011）的计算方法，以海南岛天然橡胶碳密度计算的值为基础，以反映植被生产力空间差异的 NPP 数据，建立碳密度与对应的 NPP 的转换函数，具体见公式（13-10）。

$$D_i = \frac{D_p \times N_i \times n}{\sum\limits_{i \in p} N_I}(P = 1,2,3,\cdots,18)(i = 1,2,3,\cdots,n)$$

（13-10）

式中，P 表示海南岛 18 个市县，i 表示橡胶图上单元格，n 表示橡胶面积所占的单元格个数；D_p 表示该市县的平均碳密度（tC/hm²），N_i 表示单元格上橡胶的初级生产力 [g/m²/month（以碳计）]。

13.2 结果与分析

根据 2011 年海南天然橡胶普查数据，首先以市县为单位分别计算天然橡胶碳汇密度；再结合 TM 遥感提取的橡胶分布图及利用光能利用率模型计算的全岛植被 NPP 均值图，提取海南岛天然橡胶的 NPP 分布图；然后采用空间降尺度技术实现天然碳汇密度分布，利用公式（13-10），计算得到 2011 年海南岛天然橡胶碳汇平均密度的空间分布（图 13-3），空间分辨率为 250 m × 250 m。从天然橡胶不同碳汇密度所占面积的分配比例来看，碳汇密度小于 20 tC/hm² 的面积所占比例为 16.8%；碳汇密度在 20~25 tC/hm² 之间所占的比例为 57.1%；碳汇密度在 25~33 tC/hm² 之间所占的比例为 26.1%。

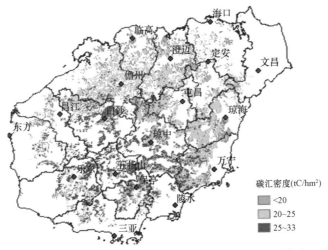

图 13-3 海南岛 2011 年天然橡胶碳汇密度空间分布

同时，从图 13-3 中可以看出，2011 年海南岛天然橡胶碳汇密度的高值区域分布在五指山、白沙、琼中、保亭等中部山区和乐东的西部，平均碳汇密度在 $25 \sim 33$ tC/hm² 之间；儋州、屯昌、琼海的西部的碳汇密度次高、天然橡胶碳汇平均密度在 $20 \sim 25$ tC/hm² 之间；碳汇平均密度低值区主要分布在海南岛的北部，平均碳汇密度小于 20 tC/hm²。

13.3 结论与讨论

净初级生产力 NPP 是研究森林植被碳汇的基础，本文在 2011 年橡胶林普查数据和遥感数据反演的 NPP 的基础上，利用降尺度的方法，重现了海南岛 2011 年天然橡胶碳汇密度空间分布格局。主要结论如下：

（1）建立了一套利用遥感数据提取海南岛橡胶林碳汇空间分布的技术方法。该方法涉及到多个环节，但主要包括 3 个方面的内容：①利用普查的数据计算各市县的天然橡胶碳汇密度，这一步仅能给出以行政边界为单位碳汇密度值，不能分解到空间格点上；②利用光能利用率模型（CASA）计算天然橡胶 NPP 均值，模型必须保证植被吸收的光合有效辐射（APAR）和光能转化率（ε）两个变量的准确性；③在此基础上，利用降尺度技术将以市县行政边界为单位计算的碳汇密度转换到空间网格上。

（2）海南岛天然橡胶碳汇密度空间分布上存在明显差异，总体上，海南岛的中部碳汇密度高，而北部低。导致这种差异可能存在以下几个方面的原因：①橡胶林龄的差异：橡胶林的碳储量随林龄的增长而迅速增长，不同林龄橡胶林间碳汇存在较大差异；②品种的差异：不同品种树木蓄积量有所不同；③经营管理和栽培技术的差异；④胶园规模等（魏宏杰等，2012）。

讨论：本文仅从宏观角度给出了海南岛天然橡胶碳汇密度的分布现状，关于不同的橡胶园具体是哪些因素导致碳汇密度分布差异，需要根据实际进行进一步的调查分析。

虽然通过降尺度技术得到了海南岛天然橡胶碳汇密度的空间分布差异，但由于该计算方法涉及到模型的反演、橡胶碳汇密度的估算、TM 遥感数据提取天然橡胶空间分布、太阳总辐射的推算等众多的因素的影响，与实际计算的结果难免存在一定的误差。

参考文献

曹吉鑫, 田赟, 王小平, 等.2009. 森林碳汇的估算方法及其发展趋势 [J]. 生态环境学报, 18 (5): 2001-2005.

曹军, 张镱锂, 刘燕华.2002. 近 20 年海南岛森林生态系统碳储量变化 [J]. 地理研究, 21 (5): 551-560.

戴铭, 周涛, 杨玲玲, 等.2011. 基于森林详查与遥感数据降尺度技术估算中国林龄的空间分布 [J]. 地理研究, 30 (1): 172-184.

董方晓.2010. 对我国森林碳汇量的估算与分析——以辽宁省森林资源为例 [J]. 林业经济, 9: 54-57.

方精云, 陈安平.2001. 中国森林植被碳库的动态变化及其意义 [J]. 植物学报, 43 (9): 967-973.

方精云, 陈安平, 赵淑清, 等.2002. 中国森林生物量的估算: 对 Fang 等 Science 一文 (Science, 2001, 292: 2320—2322) 的若干说明 [J]. 植物生态学报, 26 (2): 243-249.

方精云, 郭兆迪, 朴世龙.2007.1981—2000 年中国陆地植被碳汇的估算 [J]. 中国科学 D 辑: 地球科学, 37 (6): 804-812.

方精云, 刘国华, 徐嵩龄.1996. 中国森林植被的生物量和净生产量 [J]. 生态学报, 16 (5): 497-508.

李海亮, 罗微, 李世池, 等.2012. 基于遥感信息和净初级生产力的天然橡胶估产模型 [J]. 自然资源学报, 27 (9): 1610-1621.

刘少军, 张京红, 何政伟.2010. 基于面向对象的橡胶分布面积估算研究 [J]. 广东农业科学, 37 (1): 168-170.

刘双娜, 周涛, 舒阳, 等.2012. 基于遥感降尺度估算中国森林生物量的空间分布 [J]. 生态学报, 32 (8): 2320-2330.

马晓哲, 王铮.2011. 中国分省区森林碳汇量的一个估计 [J]. 科学通报, 56 (6): 433-439.

汤洁, 姜毅, 李昭阳, 等.2013. 基于 CASA 模型的吉林西部植被净初级生产力及植被碳汇量估测 [J]. 干旱区资源与环境, 27 (4): 1-7.

王锐, 何政伟, 于欢, 等.2011. 重庆市渝北区森林碳汇量估算研究 [J]. 四川林业科技, 32 (5): 52-55.

魏宏杰, 刘锐金, 杨琳.2012. 我国橡胶林碳汇贸易潜力的实证分析 [J]. 热带农业科学, 32 (5): 81-85.

温学发, 于贵瑞, 孙晓敏.2004. 基于涡度相关技术估算植被/大气间净 CO_2 交换量中的不确定性［J］. 地球科学进展, 19 (4)：658-663.

吴志祥, 谢贵水, 杨川, 等. 2010. 橡胶林生态系统干季微气候特征和通量的初步观测［J］. 热带作物学报, 31 (12)：2081-2090.

谢五三, 田红, 童应祥, 等. 2009. 基于淮河流域农田生态系统观测资料的通量研究［J］. 气象科技, 37 (5)：601-606.

闫学金, 傅国华. 2008. 海南森林碳汇量初步估算［J］. 热带林业, 6：4-6.

张京红, 陶忠良, 刘少军, 等. 2010. 基于 TM 影像的海南岛橡胶种植面积信息提取［J］. 31 (4)：661-665.

张茂震, 王广兴, 周国模, 等. 2009. 基于森林资源清查、卫星影像数据与随机协同模拟尺度转换方法的森林碳制图［J］. 生态学报, 29 (6)：2919-2928.

中华人民共和国气象行业标准 QX/T89-2008《太阳能资源评估方法》［R］, 2008.

朱文泉, 潘耀忠, 何浩, 等. 2006. 中国典型植被最大光利用率模拟［J］. 科学通报, 51 (6)：700-706.

朱治林, 孙晓敏, 袁国富, 等. 2004. 非平坦下垫面祸度相关通量的校正方法及其在 ChinaFLUX 中的应用［J］. 中国科学 D 辑, 34 (增刊Ⅱ)：37-45.

Jingyun Fang, Anping Chen, Changhui Peng, et al. 2001. Changes in forest biomass, carbonstorage in China between 1949 and 1998［J］. Science, (292)：2320-2322.

Kindermann G E, McCallum I, Fritz S, et al. 2008. A global forest growing stock, biomass and carbon map based on FAO statistics［J］. Silva Fenn, 42：387-396.

14　基于 DEA 的橡胶风害易损性
评价模型研究

14.1　数据和方法

数据：1981—2012 年影响海南的台风灾害数据库（来源：海南省气象局），海南省界和县界行政区划图来源于国家基础地理信息网站提供的 1：400 万基础地理信息数据（http：//ngcc. sbsm. gov. cn/）。橡胶生产分布以农场为单位进行统计，数据来源于文献唐群锋等（2014）。

方法：数据包络分析模型（DEA）是投入–产出运行效率的评价模型，由于运算无须任何权重假设，避免了很多主观因素，在效益评估方面被广泛使用。数据包络分析（DEA）是评价具有多投入和多产出决策单元效率的一种有效的方法，基本原理主要是通过保持决策单元（Decision Making Units，简称 DMU）的输出或者输入的不变，通过统计数据和数学规划确定相对有效的生产前沿面，将各个 DMU 投影到 DEA 的生产前沿面上，并通过比较 DMU 偏离 DEA 前沿面的程度来评价每个 DMU 的相对有效性。DEA 方法假定每个输入都关联到一个或者多个输出，且输入输出之间确实存在某种联系，但不必确定这种关系的显示表达式。因此，可以把橡胶风害的易损程度的差异看作是过程最大风速、降水量、橡胶品种差异等作为输入条件后产出的橡胶台风成灾效率。可以认为易损程度越大，则会导致橡胶灾损的成灾效率越高，致灾后更易形成严重影响；反之亦然。橡胶台风灾害易损性评价采用 DEA 方法 C^2R 模型来实现，具体算法如下：

$$\begin{cases} \min\left[\theta - \varepsilon(\hat{e}^T S^- + e^T S^+)\right] \\ s.t. \ \sum_{j=1}^{n} X_j \lambda_j + S^- = \theta X_0 \\ \sum_{j=1}^{n} Y_j \lambda_j - S^+ = Y_0 \\ \lambda_j \geqslant 0, \ S^-, \ S^+ \geqslant 0 \end{cases}$$

θ 为 DEA 模型的各决策单元综合效率，λ（$j=1$, 2, $\cdots n$）为权重变量；S^- 为投入松弛变量；S^+ 为产出松弛变量；ε 为非阿基米德无穷小量（取 0.000 01），X_0，Y_0 为决策单元 DMU_0 的投入、产出向量；Y_j 为第 j 个决策单元的产出向量。

根据 DEA 方法中的 C^2R 模型含意，θ 范围在 0~1 之间，若评价单元的 θ 越接近 1，说明投入产出运行水平越高，生产效率水平就越高；应用在橡胶风害易损性评价中，当评价单元的 θ 越接近 1，说明评价单元受台风的影响程度越高。

14.2 橡胶风害易损性评价

14.2.1 研究区的确定

根据海南岛橡胶种植分布，为了检验该方法的可行性，选择了 76 个有详细橡胶灾情记录的农场作为样例，开展橡胶风害易损性评价，根据 DEA 模型的需要，将其划分为 76 个决策单元（图 14-1）。

14.2.2 DEA 评价橡胶风害易损性流程图

橡胶风害易损性评价流程图主要分为：评价指标的确定、数据格式转换、易损程度判断等步骤（图 14-2）。

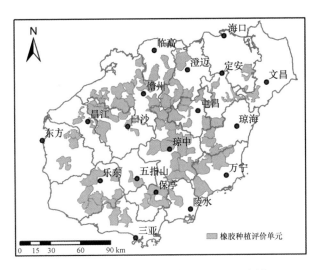

图 14-1 DEA 模型决策单元（DMU）划分

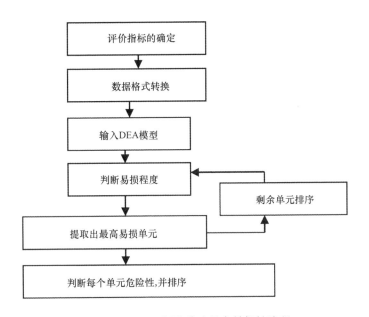

图 14-2 DEA 评价橡胶风害易损性流程

14.2.3　评价指标的选择

橡胶风害易损性评价选择总降水量和最大风速、橡胶综合指数、橡胶断倒率为评价指标，主要依据：

（1）气象因子是对橡胶生理、生态及产量性状影响最大的因子，气象灾害也是海南岛天然橡胶产业面临的最大威胁。研究对象是台风对橡胶的影响，主要因子的选择是依靠对海南橡胶灾情资料所做的大量的统计分析工作。风是最主要的影响因子，同时考虑了降水的协同作用，由于气象观测站点数量和观测要素的限制，只选择了总降水量和最大风速作为致灾因子。

（2）台风对橡胶的影响主要体现在对承灾体橡胶的影响，因此选择橡胶因子作为评价指标。橡胶因子是与橡胶生理、生态特性相关联的一系列指标的组合，其客观表现形式即为橡胶综合指数。根据台风"达维"橡胶灾情的调查结果，选取了几个与橡胶抗风性有关的指标，如品种、种植形式和种植密度、整形修枝。由于不同种植材料的风害差异不大，因此没有考虑。防护林的完整程度对降低橡胶风害的作用很大，因此列入橡胶因子之中。通过台风"达维"对海南岛天然橡胶的灾情调查资料，分别对橡胶的品种、种植形式和种植密度、整形修枝、防护林等进行赋值分级，级别的高低与风害大小相一致，通过叠加运算得到表征橡胶抗风能力差异的橡胶综合指数。

14.3　个例分析

14.3.1　台风"达维"

0518 号台风"达维"，2005 年 9 月 21 日生成于菲律宾以东洋面，26 日04 时在万宁三根镇登陆，26 日 17 时从东方出海进入北部湾继续西行，由于强度强、范围大、移向多变，影响时间长，台风中心附近最大风速达 55 m/s，7 级大风范围半径 450 km，10 级大风范围半径 160 km，对海南的农业和生态造成了严重损害。据统计，其中海南垦区受风害 3 级以上的已开割橡胶树达3 372 万株，受害率 51.0%，损失金额达 22.4 亿元；未开割树 789.9 万株，受害率 33.9%，损失金额 1.6 亿元。

根据台风灾情数据和调查数据，提取台风"达维"过程中总降水量和最大风速、橡胶综合指数、橡胶断倒率为评价指标（图 14-3）。

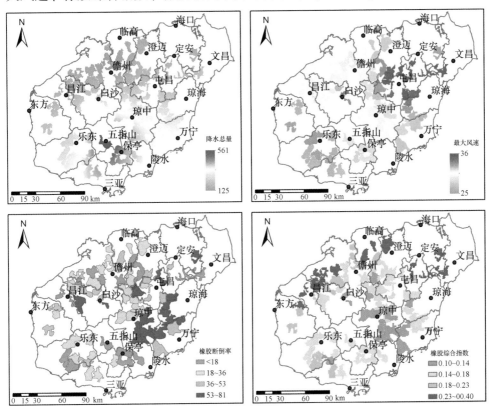

图 14-3　橡胶风害易损评价因子

14.3.2　易损性评价结果

将台风"达维"过程中的最大风速、降水总量和橡胶综合指数作为输入因素，橡胶树断倒率作为输出因素（表 14-1）。将表 14-1 的相关数据代入 C^2R 模型中，选择 Output-oriented C^2R 模型计算不同决策单元的综合成灾效率 θ。根据 DEA 模型 θ 的意义，进行橡胶风害的易损性分类：$0.8 \leqslant \theta \leqslant 1.0$，重度；$0.4 \leqslant \theta < 0.8$，中度；$0 < \theta < 0.4$，轻度，得到橡胶风害易损性评价等级分布图（图 14-4），具体分布比例见表 14-2。

表 14-1　决策单元（DMU）评价指标数据

DMU	台风"达维"平均风速	橡胶综合指数	台风"达维"橡胶灾损率	台风"达维"降水总量	台风"达维"成灾效率（易损性）
0	31.8177185	0.3142076	60.6672	170.9293213	1
1	33.5514145	0.2613493	43.610725	184.5896149	0.696865
2	33.553791	0.2570257	0	202.0506897	0
3	33.2718086	0.249379	0	191.5817871	0
4	33.0240631	0.1583607	67.443682	227.1380615	0.951741
5	33.5180817	0.1670359	47.854342	236.5246887	0.6478
6	32.5292015	0.1372678	61.017733	254.1531067	0.858557
7	31.9006519	0.1463266	58.032538	275.7105103	0.765306
8	34.2768211	0.1661885	61.359624	194.8400269	0.990805
9	33.2932053	0.1512054	51.444532	190.5716248	0.855335
10	33.4814072	0.1598361	52.675989	200.030777	0.833834
11	33.3837891	0.1454918	21.504939	213.1901398	0.323901
12	32.8868256	0.1788376	50.916533	246.4317474	0.67252
13	31.4135036	0.1578947	81.581264	280.6496887	1
14	31.1435089	0.1500054	48.950495	310.340332	0.628873
15	31.4861946	0.1831267	70.180419	289.0811157	0.858266
16	30.8437805	0.1296296	55.49731	330.740509	0.812863
17	31.1360741	0.1325225	47.109441	346.4539795	0.675929
18	30.1151237	0.1020036	55.223242	356.2902222	1
19	30.7734165	0.1095628	58.03021	311.4317017	0.995552
20	29.9542999	0.1500631	54.141331	336.9052429	0.698056
21	29.4409771	0.1207153	56.023203	372.0456848	0.878615
22	29.718359	0.1137295	58.0822	386.381012	0.958746
23	29.9773388	0.1028608	23.607917	365.9791565	0.424702
24	29.568718	0.1318501	33.429203	341.4732971	0.484617
25	30.5448685	0.144877	27.238414	301.4289246	0.361747
26	31.2920856	0.1460945	30.052726	264.6966248	0.397751
27	30.7894115	0.1356699	20.05683	257.1751099	0.285186
28	31.8332729	0.1483216	71.1524	229.4713745	1
29	30.6235542	0.147541	21.189324	214.1299744	0.317494

DMU	台风"达维"平均风速	橡胶综合指数	台风"达维"橡胶灾损率	台风"达维"降水总量	台风"达维"成灾效率（易损性）
30	30. 8348751	0. 1407281	33. 008806	188. 6631775	0. 557526
31	29. 4866657	0. 1709836	17. 722035	172. 9278412	0. 317325
32	30. 5662384	0. 1668429	20. 50027	169. 164917	0. 375345
33	32. 0436134	0. 1742076	17. 339309	183. 8757172	0. 2934
34	31. 154171	0. 2300801	0	166. 9150696	0
35	31. 0785618	0. 2655073	24. 914614	168. 4769287	0. 428575
36	31. 1123943	0. 2786885	31. 723533	164. 4433746	0. 551933
37	30. 0782471	0. 2929293	38. 353397	149. 6570587	0. 722053
38	28. 8652649	0. 2100133	23. 647597	138. 6129608	0. 497722
39	29. 0114708	0. 2014052	20. 307595	134. 1048126	0. 442436
40	29. 1396351	0. 1751036	33. 119138	139. 5114136	0. 712935
41	30. 2632713	0. 2285324	24. 170915	149. 9151306	0. 469902
42	29. 5334015	0. 1770492	0	158. 6036682	0
43	30. 3099766	0. 2108919	34. 735498	175. 6719513	0. 597505
44	29. 7743874	0. 2460382	12. 064905	152. 2602997	0. 228644
45	31. 4185715	0. 1757262	45. 455878	208. 4025574	0. 687024
46	32. 4732971	0. 1408725	38. 7552	241. 4992828	0. 543103
47	32. 1669006	0. 1168033	55. 594616	284. 2872314	0. 90465
48	29. 746666	0. 1532787	54. 11169	221. 5913239	0. 79432
49	30. 4571266	0. 1891343	42. 854042	196. 3984528	0. 677664
50	29. 9168072	0. 3114754	24. 045466	160. 8864746	0. 421292
51	29. 5104866	0. 2621629	31. 428809	176. 2770233	0. 526844
52	29. 815403	0. 2483007	13. 765535	169. 8692932	0. 237813
53	29. 8845997	0. 2815815	44. 707151	160. 8854065	0. 790307
54	29. 7240467	0. 2516876	23. 8303	168. 2107391	0. 41417
55	30. 2253246	0. 3953055	0	179. 0207062	0
56	29. 7742386	0. 2938209	17. 748576	173. 0777893	0. 299227
57	31. 4158497	0. 2068096	34. 205528	202. 0537567	0. 52207
58	31. 5672302	0. 2810304	47. 302963	192. 4688721	0. 731963
59	31. 8329945	0. 1944858	43. 603495	210. 8069305	0. 645438

DMU	台风"达维"平均风速	橡胶综合指数	台风"达维"橡胶灾损率	台风"达维"降水总量	台风"达维"成灾效率（易损性）
60	26.6328888	0.1846994	16.468364	277.0591125	0.238099
61	25.6610489	0.2206031	30.065834	312.3924255	0.451154
62	26.7657337	0.2214179	13.191133	314.7219543	0.189771
63	26.5573616	0.1932084	24.891655	385.2141113	0.360907
64	26.9897022	0.1646271	26.873238	413.2397766	0.383396
65	26.1730099	0.1386417	48.487241	373.563324	0.713345
66	26.3246422	0.1604216	32.338426	417.8283997	0.473023
67	26.5457458	0.1613946	34.528704	391.6376648	0.500854
68	25.3890762	0.1744877	25.495163	266.770813	0.386667
69	28.6936569	0.1672131	17.016044	532.4533081	0.228349
70	27.9567165	0.1819272	29.723415	455.9707336	0.409391
71	28.479332	0.1577588	10.923389	436.5788879	0.147691
72	28.644577	0.175196	0	418.0317383	0
73	30.1692791	0.1629841	0	381.0652466	0
74	29.0341148	0.2131148	15.173027	198.5406342	0.239131
75	29.8972397	0.2918033	35.991659	155.0904236	0.653852

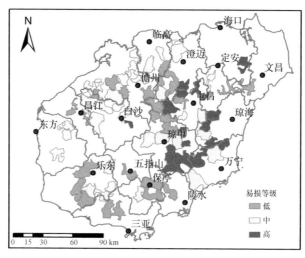

图 14-4 橡胶风害易损性评价结果

表 14-2   结合 DEA 模型的易损性分类

易损等级	θ 范围	单元数量/个	所占比例
重度	$0.8 \leqslant \theta \leqslant 1.0$	15	19.7%
中度	$0.4 \leqslant \theta < 0.8$	35	46.1%
轻度	$0 < \theta < 0.4$	26	34.2%

14.3.3   台风"纳沙"易损评价

2011 年第 17 号强台风"纳沙"具有强度强、移速快、影响大等特点，是继 2005 年台风"达维"之后，近几年来登陆海南岛的最强台风之一。灾情使海南岛东部、中部、西北部的橡胶遭受损失，全岛共有 9.3×10^4 hm² 民营橡胶受灾，其中断倒的面积达 0.654×10^4 hm²。受灾最严重的市县分别为儋州 3.33×10^4 hm²、澄迈 2.33×10^4 hm²、定安 0.8×10^4 hm²、琼中 0.6×10^4 hm²。通过的评价模型，选择 2011 年 9 月 28 日 20 时—30 日 20 时内的数据开展台风对橡胶易损性评价，评价结果如图 14-5。

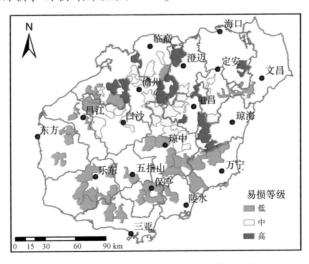

图 14-5   橡胶纳沙风害易损性评价结果

参考文献

唐群锋，郭澎涛，等 . 2014. 基于 FMT-AHP 的海南农垦花岗岩类多雨区橡胶园地力评价 ［J］. 生态学报，34（15）：4435-4445.

15 台风灾害对橡胶产量影响的
分离技术研究

　　农业是严重依赖气候条件的领域之一，探讨气候条件对农业的影响，对生产决策、防灾减灾、灾后采取补救措施及评价减灾效益具有重要的意义。气候对农作物产量的影响主要表现为极端天气或气候事件导致的气象灾害，它成为左右农作物年际间波动的最主要因素。由于长时间的产量波动不仅与气候因子有关，也与作物品种更新，社会经济变革等密切相关，所以在长时间序列的作物产量与气候因子关系的观测统计研究中，一般将作物产量分解为趋势产量、气候产量和随机误差 3 部分。趋势产量是反映历史时期生产力发展水平的长周期产量分量，也被称为技术产量，气候产量是受气候要素为主的短周期变化因子（气象灾害为主）影响的波动产量分量，多数研究都是将多年的产量变化分解为社会、技术因素导致的产量变化和气候因素导致的产量变化，然后分析气候波动产量与气候因子的关系，所以分离趋势产量而得到准确的气候产量就显得尤为重要，这关系到影响产量气候因子分析的准确性。目前，分析气候变化对农作物产量的影响，进行产量分离的研究主要是围绕这 3 部分进行的。有 3 种较常见的研究方法：①模拟试验；②作物模型方法；③观测统计法，即基于长期的产量和气候资料之间的统计分析，来研究气候因子（主要是农业气象灾害）与作物产量的关系。例如，刘静等（2004）利用小麦干热风观测资料和产量统计年鉴，通过小麦抽穗扬花前的气候模拟，分离出灌浆期间两类干热风影响的产量；根据不同时期小麦受不同程度的灾害对产量的综合影响建立了综合灾害等级查询表和灾损评估模型，代入灾害综合等级，实现了监测和产量损失评估。吉奇（2012）利用多元回归预报模型与灾减率相结合探讨粮食产量预报方法，依据本溪县玉米单产和气候资料，利用 Logistic 方法建立玉米趋势产量序列，将分离的气象产量转换

157

为相对气象产量，进行相关筛选预报因子，组建预测模型。为粮食产量预报的定量化和精细化提供科学的依据。房世波等（2012）针对全球气候变暖主要表现为夜间最低气温升高的特点，以冬小麦为研究对象，利用红外辐射器模拟研究了冬小麦黄淮主产区大田条件下的夜间增温对冬小麦生长、产量及其构成的影响。姚凤梅等（2007）气候变化对中国南方稻区水稻产量影响的模拟和分析，采用了 DSSAT 作物模式和区域气候模式相连接，模拟分析了 A2 和 B2 气候变化情景对中国主要地区灌溉水稻产量的影响。张建平等（2009）借助 WOFOST 作物模型在东北三省玉米生产适应性验证的基础上，对该三省区近 46 a 来（1961—2006 年）因温度导致的玉米产量波动情况进行了模拟分析。结果显示，黑龙江、吉林、辽宁三省区的玉米产量波动趋势基本相一致，且随着年份的增加产量波动有减小的趋势，产量波动最大的是黑龙江省，波动范围−20% ~ 12%；产量波动最小的是辽宁省，波动范围−15% ~ 8%。丛振涛等（2008）开展气候变化对冬小麦产量影响的数值模拟对制定农业与水资源政策以适应气候变化具有重要意义，采用 ThuSPAC-Wheat 模型与 CERES-Wheat 模型，经田间试验资料率定后，利用北京气象站 1951—2006 年资料进行气候变化下冬小麦潜在产量的数值模拟和分析。结果表明，过去 55 a 冬小麦潜在产量有所降低，水资源消耗有所减少，主要原因是辐射量下降。气候变化情景分析表明，辐射下降引起潜在产量和水资源消耗量减少；CO_2 浓度增加潜在产量增加，水资源消耗量减少；气温升高，潜在产量和水资源消耗量无显著变化。郭建平等（2009）利用东北地区典型站点 1961—2005 年气象资料和东北三省 1961—2005 年玉米产量资料，计算分析了东北不同地区玉米热量指数的变化趋势以及与产量的关系。结果表明：受气候变暖的影响，辽宁省热量指数出现下降的趋势，而吉林省和黑龙江省的热量指数出现显著升高的趋势，气候变暖对吉林省和黑龙江省玉米生产有有利的影响。热量指数较好地反映了玉米产量与环境温度的相关关系。因此，可通过对玉米热量指数的预测进行农作物低温冷害预测，为农业生产防灾减灾提供决策依据。赵辉等（2011）依据河南省春季低温连阴雨灾害标准，对信阳市 1971—2007 年春季达到低温连阴雨过程标准的气象资料，分别从 3 月低温，4 月低温、连阴雨以及低温连阴雨，5 月连阴雨等不同的致灾因子持续时间长短、对农作物造成危害程度的大小，将其划分 3 个不同的灾害等级。用拉格朗日插值法计算作物的期望产量，用分离法将春季低温连阴雨灾害对作物造成的损失分离出来。结果发现，不同时段的春季低温连阴雨对水稻、小麦、油菜和茶叶造成的危害程度是不同的，以 4 月低温连阴雨和 5 月连阴雨危害最大。定量评估春季低温连阴雨灾害损失对防灾减灾和政府决策具有十分重要意义。曹士亮等（2009）采用相关分析、回归分析及通径分析的方法，综合分析了肇州地区玉米气象产量与降水量和积温的关系。结果表明，玉米气象产量与生育期内降水呈极显著正相关，相关系数为 0.74；与生育期内积温呈极显著负相关，相关系数为-0.48。对玉米气象产量与生育期间降水量和积温进行二元线性回归拟合表明，可以用二元回归方程 $y = 10\,267.62 + 7.57x_1 - 4.58x_2$，对玉米气象产量与生育期间降水量和积温的关系进行描述，对各变量进行偏回归分析以及通径分析都表明降水量对玉米气象产量的影响要大于积温对玉米气象产量的影响，对肇州地区而言降水量对气象产量起正向的促进作用，积温起负向作用。

以上研究多是通过数学方法分离作物的趋势产量和气候波动产量，然后分析气候波动产量与气候因子的关系，探讨的是某一气象条件对作物生长及产量的影响，或作物生长期综合气象条件对其生长及产量的影响。而作物的生长受到多种气象灾害的影响，如何从多种气象灾害对产量的综合影响中分离出某一种气象灾害造成的产量波动，这方面的研究却鲜有报道，特别是针对热带作物因单一灾种造成的产量波动的研究更是少之又少。

天然橡胶是国防和经济建设不可缺少的战略物资和稀缺资源，直接关系到国家的经济发展、政治稳定和国家安全。我国是天然橡胶种植的主要国家之一，2011 年末我国橡胶种植面积约 $105.3 \times 10^4\,hm^2$，橡胶产量 $70.7 \times 10^4\,t$。同时，我国也是橡胶消费的大国，2011 年我国天然橡胶消费量约为 $389.5 \times 10^4\,t$，比 2010 年增长约 8.07%。我国橡胶种植主要分布在海南、云南、广东、广西、福建 5 省，其中海南和云南是我国主要的天然橡胶生产基地。2011 年末海南省橡胶种植面积达 $50.14 \times 10^4\,hm^2$，收获面积 $34.63 \times 10^4\,hm^2$，干胶产量 $37.18 \times 10^4\,t$。橡胶树为多年生作物，一生可分为苗期、幼树期、初产期、旺产期和衰老期，且每年受气候条件影响有序地进行萌芽、分枝、开花、结果、落叶等年周期变化。

本文以海南省为研究区域，通过对橡胶产量数据、历年台风登陆期间的气象数据、非台风暴雨、寒害、干旱等气象灾害的分析，探讨橡胶产量波动与台风灾害风险的关系，研究橡胶产量由台风灾害引起的减产率的分离方法。

15.1 数据和来源

海南岛 18 个市县 1988—2010 年橡胶产量数据，包括种植面积、收获面积、总产量等，来源于海南省统计年鉴；海南岛 18 个市县 1988—2010 年台风气象数据，逐日降水量、日平均气温和日最低气温数据，来源于海南省气象局；地理信息数据来源于海南岛 1：5 万基础地理信息数据库。

15.2 影响橡胶产量的主要气象灾害

一般来说，作物的整个生育期会受到各种气象灾害的影响，尤其对于生育期较长的更是如此，产量的降低是多种气象灾害共同作用的结果，且不同年份起主导作用气象灾害类型不同。海南由于其特殊的地理位置和气候条件，气象灾害较多，在作物生育期的各个时段都会造成影响，尤其是产量形成的关键期。橡胶为多年生热带作物，其产胶量受自然因素的影响很大。影响橡胶生长及产量的气象灾害主要有以下几种：

寒害：海南虽然地处热带，但受冷空气等的影响，仍会出现低温阴雨、清明风、寒露风等灾害。冬季常有寒潮侵袭，对橡胶产生影响的主要是低温阴雨，出现于 12 月至次年 2、3 月。18℃为橡胶树正常生长的临界温度，26~27℃时橡胶树生长最旺盛。当林间气温小于 5℃时，橡胶树便会出现不同程度的寒害；0℃时树梢和树干枯死；小于-2℃时，根部出现爆皮流胶现象。

旱害：由于地处热带北缘至南亚热带地区，受季风影响，海南具有明显的干湿季节，且干季长（5~6 个月）、降水少（约占年降水的 15%左右），冬春连旱比较频繁。不仅如此，在雨季也可能因为降水时空分布不均而发生干旱。虽然橡胶树对干旱的适应能力还是比较强的，但严重的干旱对橡胶树的生长发育和产胶带来严重影响，可导致橡胶树回枯死亡。干旱区域虽然橡胶树也能生存，但生长量和产胶量都会受到不同程度的抑制，甚至形态特征也有所改变，例如：树高变矮、树冠变小、木栓层增厚、树皮发黑、叶面积减小等。干旱严重影响橡胶的产量，如根据中国热带农业科学院橡胶所对海南各垦区调查结果显示，2004—2005 年长时间的干旱少雨造成海南农垦 2005 年干胶产量较 2004 年同期减少约 2×10^4 t。同时，绝大部分地区的橡胶树越冬期和旱季几乎是同时发生的。这进一步影响叶病暴发的强度，因而与干旱的影响相混淆，这就是说如果在旱季降雨，叶病就会增加，对产量有不利影响。

非台风暴雨：强降水不仅对橡胶造成物理伤害，如致使橡胶叶片破损、落花落果、落叶、折梢、折枝等，还易造成橡胶林地土质松软，使得橡胶林遇有强风时造成倾斜以至倒伏等严重损害。

台风：海南素有"台风走廊"之称，台风登陆频繁，其带来的大风和强降水致使橡胶叶片破损、落花落果、落叶、折梢、折枝、断干、根拔、倾斜以至倒伏，另外强风还会吹折、刮断橡胶树，造成严重损害。橡胶树的开割期一般在 4 月左右，停割期在 12 月左右，一年中的高产期主要集中在 8—10 月，而这一时期正是登陆热带气旋的活跃期，因此对橡胶树生长的影响十分严重。

15.3　气象灾害指数的建立

由以上分析可知，橡胶减产是多种气象灾害综合影响的结果，探讨橡胶产量波动与台风灾害风险的关系，必须将橡胶产量由台风灾害引起的减产部分分离出来。参考文献蔡大鑫等（2013）的方法，首先统计灾情资料，根据橡胶树生长的物候特点，统计历年对橡胶树生长、产量造成损害的台风、非台风暴雨、寒害、干旱发生时的气象灾害指标（其中，寒害的统计时段为 12 月至翌年 3 月，其他气象灾害统计时段均为全年），建立气象灾害指数计算公式，然后由线性滑动平均法计算趋势产量，进而得到相对气象产量，提取减产率序列，并采用回归模型建立气象灾害指数与减产率的方程，最后根据气象数据计算风害年的风害减产率。

根据影响橡胶生长和产量的气象要素，统计分析了 1988—2010 年冬季日平均气温不大于 15℃的日平均气温及其持续日数，冬季日最低气温不大于 10℃的日最低气温及其持续日数，台风登陆过程中日瞬时最大风速（极大风速）、过程日最大风速，降水总量，降水强度，全省的过程日最大降水量，累积干旱强度，累计的干旱次数，非台风暴雨降水日数，平均日降水量等气象指标，建立的气象灾害指数（系数用主成分分析法确定。）如下：

寒害指数：

$$y_1 = -0.22 \times x_1 + 0.284 \times x_2 - 0.230 \times x_3 + 0.208 \times x_4 \qquad (15-1)$$

其中，x_1 为冬季日不大于 15℃ 的日平均气温，x_2 为 x_1 的持续日数，x_3 为冬季日不大于 10℃ 的日最低气温，x_4 为 x_3 的持续日数。

台风灾害指数：

$$y_2 = 0.156 \times x_1 + 0.228 \times x_2 + 0.197 \times x_3 + 0.265 \times x_4 + 0.212 \times x_5 \qquad (15-2)$$

其中，x_1 为过程日瞬时最大风速（极大风速），x_2 为过程日最大风速，x_3 为降水总量，x_4 为降水强度，x_5 为全省的过程日最大降水量。

干旱灾害指数：

$$y_3 = 0.5 \times x_1 + 0.5 \times x_2 \qquad (15-3)$$

其中，x_1 为 18 个市县累积干旱强度的均值，x_2 为 18 个市县累计的干旱次数。

非台风暴雨灾害指数：

$$y_4 = 0.5 \times x_1 + 0.5 \times x_2 \qquad (15-4)$$

其中，x_1 为非台风暴雨降水日数，x_2 为平均日降水量。

15.4　橡胶减产率序列的构建

采用线性滑动平均法，根据公式（15-5）计算 1988—2010 年橡胶趋势单产，进而得到相对气象产量，负值时为减产率，即得到减产率序列。

$$y_w = (y - y_t) / y_t \qquad (15-5)$$

其中，y_t 为橡胶趋势单产（kg/hm²），y_w 为相对气象产量。

橡胶风害减产率的分离：

将历年总的减产率与当年的 4 个气象灾害指数建立回归方程，通过了信度为 0.05 的显著性水平检验。将综合气象灾害指数代入方程，得到总减产率，将除台风灾害指数以外的另外 3 种气象灾害指数代入方程，得到非台风灾害造成的减产率，则台风灾害减产率等于总减产率与非台风灾害减产率之差。

由此得到，1988—2010 年海南岛台风引起的橡胶减产率，如图 15-1 所示。

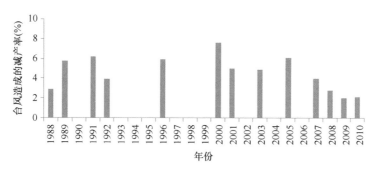

图 15-1　台风灾害造成的减产率

由历年台风灾害橡胶减产率可见，根据对历年台风登陆过程中的风速和降水数据的统计分析表明，台风登陆过程中，最大风速越大，降水强度越强，造成的灾害越重，减产越多。

参考文献

曹士亮，于芳兰，王成波，等 . 2013. 降水量与积温对玉米气象产量影响的综合分析 [J]. 作物杂志，学杂志，32（7）：1896-1902.

丛振涛，王舒展，倪广恒 . 2008. 气候变化对冬小麦潜在产量影响的模型模拟分析 [J]. 清华大学学报（自然科学版），48（9）：1426-1430.

房世波，谭凯炎，任学三，等 . 2012. 气候变暖对冬小麦生长和产量影响的大田实验研究 [J]. 中国科学：地球科学，42（7）：1069-1075.

郭建平，庄立伟，陈玥熠 . 2009. 东北玉米热量指数预测方法研究（Ⅰ）—热量指数与玉米产量 [J]. 灾害学，24（4）：6-9.

吉奇 . 2012. 基于 Logistic 和灾减率方法制作玉米产量的预测 [J]. 中国农学通报，28（6）：293-296.

刘静，马力文，张晓煜，等 . 2004. 春小麦干热风灾害监测指标与损失评估模型方法探讨——以宁夏引黄灌区为例 [J]. 应用气象学报，15（2）：217-224.

姚凤梅，张佳华，孙白妮，等 . 2007. 气候变化对中国南方稻区水稻产量影响的模拟和分析 [J]. 气候与环境研究，12（5）：659-665.

张建平，王春乙，杨晓光，等 . 2009. 温度导致的我国东北三省玉米产量波动模拟 [J]. 生态学报，29（10）：5516-5522.

赵辉，王媛，李刚，等 . 2011. 春季低温连阴雨灾害对农作物产量影响评估 [J]. 气象科技，39（1）：102-105.

16　橡胶林产量对气候变化的响应分析

  气候变化对农业的影响是国内外关注和研究的热点之一（孙芳等，2005），气候变化引起了作物生育期、产量以及耕作制度等的改变，同时伴随着气象灾害发生频率和强度的变化（谢立勇等，2014）。气候变化将不可避免地对橡胶种植产生严重影响，准确量化橡胶对过去气候变化的响应是理解和预测未来气候变化对橡胶生产影响的前提和基础（肖登攀等，2014）。因此，研究橡胶对气候变化的综合响应具有重要的现实意义。

  关于作物产量对气候变化的响应模型可分为机理模型［如 WOFOST（Curnel et al.，2011）、DSSAT（Thornton et al.，2009）、EcoCrop（Ramirez et al.，2013）模型等］、统计模型［如时间序列、截面和面板模型（Schlenker et al.，2009；史文娇等，2012，2014）和经济模型（如 Ricardian（Seo et al.，2008）］。目前，关于农业系统和单种作物对气候变化的响应研究较多，包括小麦（Nicholls et al.，1997；You et al.，2009；张俊香等，2003；代立芹等，2011；居辉等，2008）、棉花（居辉等，2009）、玉米（李辉等，2014）、水稻（朱珠等，2013）、特色林果（刘敬强等，2013）等。但关于橡胶林对气候变化的响应评估还较少。同时，已有研究基于模型和统计方法，为评估作物对气候变化的响应做了有益的探索，然而这些方法在评价指标及各个指标的权重确定等方面仍存在多因素的不确定性（Shi et al.，2013；姚凤梅等，2011）。数据包络分析方法以单输入、单输出的工程效率概念为基础（马占新，2010），无须任何权重假设和函数模型，而以决策单元输入输出的实际数据求得最优权重，避免了主观因素影响，提升了评价的客观性（刘毅等，2010）。为此，本研究尝试以 DEA 模型为工具，通过选择橡胶林对气候变化响应的评价指标，将气候因子、敏感性和适应能力作为输入因素，橡胶产量灾损作为输出因素，评估橡胶林对气候变化的响应，为科学制定橡胶林

165

应对气候变化对策提供依据。

16.1 数据和方法

16.1.1 研究区域

海南岛是中国第二大岛屿，全岛面积约 3.43×10^4 km^2，地处北纬 18.10′—20.10′，东经 108.37′—111.03′ 之间，长轴东北至西南向，长约 290 km；西北至东南宽约 180 km（图 16-1）。属热带海洋季风气候，受低纬度热带天气系统和中高纬度天气系统的影响，天气气候复杂多变。海南岛是中国天然橡胶的主产区之一。截至 2011 年，海南植胶实有面积 50.14×10^4 hm^2，总产胶量 37.23×10^4 t，分别占全国的 46.7% 和 49.6%（数据来源：海南省统计年鉴 2012）。

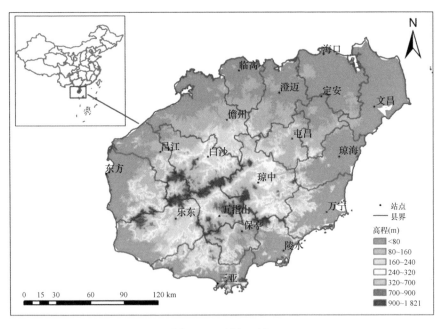

图 16-1 研究区域

16.1.2 数据

海南省 1980—2010 年 18 个气象站点逐日数据，包括温度、降水、风速、辐射等要素。1981—2010 年影响海南的台风灾害数据库（来源：海南省气象局）。1990—2010 年海南省各市县的橡胶产量数据和人均 GDP 数据（来源：海南省统计年鉴）、海南省界和县界行政区划图来源于国家基础地理信息网站提供的 1∶400 万基础地理信息数据（http：//ngcc. sbsm. gov. cn/）。

16.1.3 方法

数据包络分析模型（DEA）是投入—产出运行效率的评价模型，由于运算无须任何权重假设，避免了很多主观因素，在效益评估方面被广泛使用（刘少军等，2014）。海南岛橡胶林对气候变化的综合响应主要是从投入—产出角度来看，利用数据包络分析（DEA）构建评价模型，计算气候变化对橡胶生产的影响程度，具体评价流程如图 16-2。

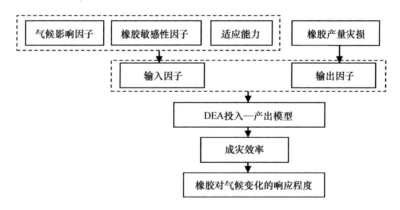

图 16-2　橡胶林产量对气候变化响应评价流程

16.1.4 评价因子

橡胶对气候变化的响应程度是指气候变化（包括气候变率和极端气候事件）对橡胶生产造成的不利影响的程度，决定于橡胶对气候变化的敏感程度及其适应气候变化的综合能力。根据 DEA 中 C²R 模型的要求，构建模型的输入—输出因子来开展橡胶对气候变化综合响应的评价。

1）模型输入因子

气候影响因子：对橡胶而言，温度、降雨和太阳辐射是影响产胶量的主要气象因子，它们相互影响并以累加效应作用于橡胶产胶。主要土壤营养元素氮、钾、磷和镁通过影响光合作用等影响胶乳合成，并因影响胶乳的稳定性而影响排胶（李国尧等，2014）。橡胶树性喜微风，惧怕强风，在不考虑强风的影响下，当平均风速小于 1.0 m/s，对橡胶树生长有良好效应；平均风速 1.0~1.9 m/s，对橡胶树生长无影响；平均风速 2.0~2.9 m/s，对橡胶树生长和产胶有抑制作用；平均风速不小于 3.0 m/s，严重抑制橡胶树的生长和产胶（中国热带农业科学院，1998）。影响中国橡胶树存活以及产胶量的主要自然因素为寒潮低温与台风的强风（江爱良，2003；江爱良，1997；何康等，1987）。因此，选择温度、风速、降水、日照的气候倾向率和台风、寒害发生的强度等作为气候影响因子。

敏感性因子：敏感性是指系统受到与气候有关的刺激因素影响的程度，包括不利和有利影响（阎莉等，2012）。参考文献孙芳（2005）、杨修（2004），选择橡胶产量的减产率变异系数作为敏感性因子。橡胶产量的减产率变异系数可以反映减产率偏移平均值的程度，值越大表明年际波动越大，减产率越不稳定，敏感性越强。变异系数计算公式见（16-1）：

$$C = \frac{\sqrt{\frac{1}{n-1}\sum_1^n (x_i - \bar{x})^2}}{\bar{x}} \tag{16-1}$$

式中，$\bar{x}$ 为各市县橡胶平均减产率，x_i 为各市县每年天然橡胶的减产率。

适应能力：适应能力与经济、技术和资源等因素密切相关（孙芳，2005；Watson R T，2001）。橡胶的适应能力选择各地人均 GDP 和橡胶占当地耕地的面积比例作为评价指标。其理由为：各地人均 GDP 可作为衡量各地对气候变化的适应性的综合能力，包括改善品种、调整耕作、应用先进技术、购买化肥农药、改善灌溉及基础设施能力等（孙芳，2005）。种植面积的比例一定程度上代表对环境的适应能力，种植比例越大，对环境的适应能力越强（刘晓光等，2012）。

2）模型输出因子

由于气候因子波动和气象灾害发生具有随机性特点，造成橡胶灾害损失统计指标值的年际波动较大，不能采用某一时间点的灾损数据，因此选择橡胶产量灾损的多年平均值（刘毅等，2010）。橡胶产量灾损度表示气候变化对橡胶生产造成的不利影响的程度。采用 5 年滑动平均计算其趋势产量，并根据公式（16-2）计算其相对气象产量，负值时为减产率，选择橡胶产量减产率来表示橡胶产量灾损度。

$$x = (y - y_t) / y_t \times 100\% \qquad (16-2)$$

其中，x 为橡胶产量灾损度，y 为实际单产（kg/hm^2），y_t 为趋势单产（kg/hm^2）。

16.1.5　评价指标标准化处理

橡胶对气候变化综合响应的评价含若干个因子，为了消除各指标的量纲和数量级的差异，采用公式（16-3）对每个因子进行归一化处理。

$$G = 0.5 + 0.5 \times \frac{J_i - \min_j}{\max_i - \min_j} \qquad (16-3)$$

式中，G 是指标的规范化值，J_i 是第 i 个指标值，$\max_i$，$\min_j$ 分别是指标值中的最大值和最小值（邹海平等，2013）。

16.2　结果与分析

16.2.1　气候影响因子

根据 1980—2010 年的气象资料，分别计算温度、风速、降水、日照的气候倾向率。橡胶寒害指数：选择 1981—2010 年平均温度小于 5℃的天数和 10 d 以上连续阴雨而且平均气温小于 15℃的天数（以下简称"年平均天数"）作为评价指标，为了使指标具有可比性，将每一市县年平均天数与海南岛年平均天数的比值作为寒害的指标。台风风害指数：选择 1981—2010 年风速达到或超过 10 级（24.5 m/s）的次数作为评价指标，处理方法与寒害指标类似。

将温度、风速、降水、日照的气候倾向率和寒害、台风风害指数进行归一化处理。其中，海南岛归一化平均温度的气候倾向率变化的高值区分布在三亚、乐东、昌江、五指山、琼中；低值区分布在澄迈、定安、文昌等地（见图16-3a）。归一化降水量气候倾向率的高值区分布在文昌、三亚、陵水、保亭、五指山等地；低值区分布在琼中（见图16-3b）。归一化日照气候倾向率的高值区分布在东方、儋州、白沙、五指山、屯昌、琼中、定安；低值区分布在海口、陵水、澄迈等地（见图16-3c）。归一化风速气候倾向率的高值区分布在海口、澄迈、定安、文昌、三亚；低值区分布在五指山、琼中、保亭等地（见图16-3d）。归一化橡胶寒害指数的高值区分布在白沙、琼中、五指山等地；低值区分布在东方、昌江、海口、文昌、定安、琼海、万宁、陵水、三亚等地（见图16-3e）。归一化橡胶台风风害指数的高值区分布在东方、乐东、三亚、海口、文昌、万宁等地；低值区分布在屯昌、五指山等地（见图16-3f）。

16.2.2 敏感性因子

敏感性因子体现了一个地区天然橡胶产量偏移平均值的程度，间接反映了产量受气候因子和环境条件影响而产生的波动。系数越大，说明产量变化受环境的影响越大。对橡胶产量的变异系数进行归一化处理，得到橡胶的敏感性因子。从图16-4中可以看出，琼中和万宁地区的敏感性因子较大；海口、定安、文昌、东方敏感性因子相对较小；其他次之。

16.2.3 适应能力因子

选择各地人均GDP和橡胶占当地耕地的面积比例来代表橡胶的适应能力，分别对各地人均GDP和橡胶占当地耕地的面积比例进行归一化处理。其中，归一化人均GDP的高值区分布在海口、三亚；低值区分布在定安、屯昌、白沙、琼中、万宁、乐东、五指山、保亭、陵水（见图16-5a）。归一化橡胶面积比的高值区分布在儋州、琼海；低值区分布在东方、文昌、陵水、三亚（见图16-5b）。

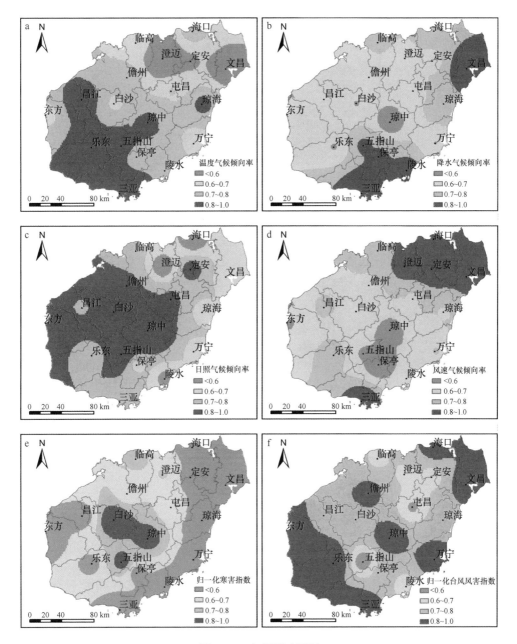

图 16-3　气候影响因子

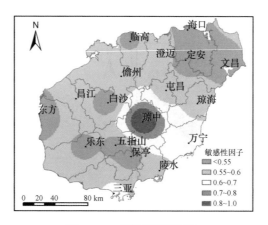

图 16-4　橡胶敏感性因子

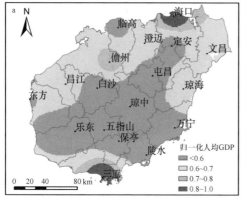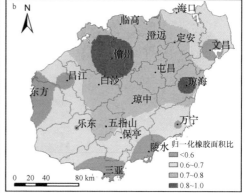

图 16-5　适应能力因子

16.2.4　橡胶产量灾损因子

海南岛橡胶产量的灾损度呈四周高、中间低的趋势，这种趋势与海南岛的种植条件、灾害性天气等有密切关系。其中灾损度的高值区分布在文昌、陵水、三亚、东方、昌江等地；低值区分布在海南岛中部的五指山、保亭、白沙和西部的儋州等地（见图 16-6）。

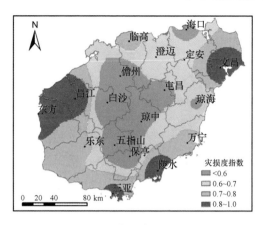

图 16-6　橡胶产量灾损度

16.2.5　橡胶对气候变化的综合响应

将气候变化影响因子、敏感性、适应能力作为输入因子，将海南岛橡胶产量的灾损度作为输出因子，代入 MaxDEA 软件 C^2R 模型中，计算得到橡胶的成灾效率，成灾效率即表示橡胶对气候变化的响应程度。总体而言，海南岛橡胶成灾效率水平较高，平均成灾效率为 0.815。响应程度的整体格局为中部高，四周低。根据 DEA 模型 θ 的意义，进行响应程度的分类：$0.85 \leqslant \theta \leqslant 1.0$，高度响应区；$0.75 \leqslant \theta < 0.85$，中度响应区；$0 < \theta < 7.5$ 低响应区，得到橡胶对气候变化响应的等级分布图（图 16-7）。从图中可以看出，海南岛橡胶林的高响应区分布在昌江、乐东、五指山、琼中、万宁和琼海；低响应区分布在文昌、临高、澄迈、白沙、东方、三亚、陵水等地；其他区域为中响应区。

从投入—产出角度来分析橡胶对气候变化的综合响应，可以看出，气候变化对橡胶产生的影响是气候影响因子、敏感性因子、适应能力等的共同作用，而不是单独的某个因子的影响。如在高响应区昌江，气候干扰因子中的温度、日照、台风影响的频次较高，风速、降水、寒害发生的频率相对较低，敏感性相对较小，适应能力因子也相对较小，但灾损度相对较高，因此通过模型计算响应效率较高。如在低响应区白沙，气候干扰因子中的日照、橡胶寒害发生概率较高，温度、风速、降水、台风发生的频率相对较低，敏感性

173

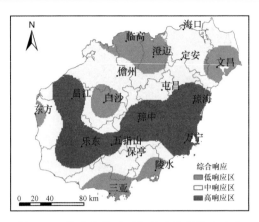

图 16-7　海南岛橡胶对气候变化的综合响应

相对较小，适应能力因子中归一化人均 GDP 相对较小，而归一化橡胶面积比相对较高，灾损度相对较小，模型计算响应效率较小。说明了基于 DEA 的橡胶对气候变化的综合响应评价模型具有较好的分析效果。

16.3　结论与讨论

16.3.1　讨论

（1）由于气候变化对橡胶的影响是一个复杂的过程，同时气候变化本身包含有复杂的信息量（江爱良，2003），这样必然会导致橡胶对气候变化的敏感性难度的加大。橡胶对气候变化的综合响应受到气候的变率特征、幅度、变化速率及其敏感性和适应能力等众因子的相互作用，而不同因素导致的橡胶的响应程度有所不同，很难用一个具体的公式来表达。前人关于作物对气候变化响应的评价指标权重和构建的函数均具有一定的主观性，揭示不同因素导致的响应程度存在一定的难度，因此引入了 DEA 方法，该方法无须任何权重假设，避免了人为主观因素，客观反映了橡胶对气候变化的综合响应程度。

（2）橡胶树是典型的热带雨林树种，对气象条件要求严格，对气象条件变化的反映敏感（郭玉清等，1980）。在气候变化背景下，有必要在橡胶主产区开展橡胶对气候变化综合响应评价。探索合适的评估指标体系，识别橡胶种植区对气候变化响应的差异，有针对性地提出相关措施，可提高橡胶适应气候变化的能力。如橡胶种植可以在低响应区扩大种植面积；在高响应弱区，要适当调整橡胶种植面积，加强培育、推广抗风高产优良品种、提高农民的参加险意识，增强抵抗巨灾风险的能力等（刘晓光等，2012）。

（3）由于橡胶在不同的物候期对气候条件要求的不同、气候时间分布的差异性常导致各时期对气候响应程度的不同，因此，在有条件情况下应对橡胶生长各时期的响应开展评价，然后综合评价橡胶全生长期的综合响应。

16.3.2　结论

（1）橡胶对气候变化的综合响应受多种因素的影响，选择气候影响因子（温度、风速、降水、日照的气候倾向率和寒害、台风发生的频次）、敏感性和适应能力（人均 GDP 和橡胶占当地耕地的面积比例）等因子，利用 DEA 方法建立影响因子与橡胶产量灾损变化的投入与产出模型，把影响效率的高低作为橡胶对气候变化响应大小的间接反映，开展海南橡胶对气候变化的综合响应评价。该方法从一定程度上减少了参加评价因子包含信息的损失和人为主观因素的影响，最大程度上保留输入输出变量所能提供的信息，为橡胶对气候变化综合响应评价提供一种新的思路和方法。

（2）利用 DEA 模型进行橡胶对气候变化的综合响应评价，能很好地揭示气候因素对橡胶生产的影响。总体上，海南橡胶对气候变化的高影响区整体呈中部高，四周低的趋势。橡胶对气候变化的响应有较强的空间异质性，主要受橡胶气候因子、敏感性和适应能力等的共同影响。因此根据评价结果，可以优化天然橡胶产业区域布局。

存在不足：由于橡胶产量的变化受到气候因子、管理技术、政策、社会经济等多种因素的影响，本章将橡胶产量的灾损变化仅归结于气候变化的影响，而忽略了其他因素，难免会导致橡胶对气候变化的响应评价结果与实际情况存在一定的偏差，需要进一步完善。

参考文献

代立芹，李春强，魏瑞江，等 . 2011. 河北省冬小麦生长和产量对气候变化的响应 [J]. 干旱区研究，28（2）：294-300.

傅玮东，姚艳丽，毛炜峄 . 2009. 棉花生长期的气候变化对棉花生产的影响—以新疆昌吉回族自治州为例 [J]. 干旱区研究，26（1）：142-148.

郭玉清，张汝 . 1980. 气象条件与橡胶树产胶量的关系 [J]. 云南热作科技，（1）：8-11.

何康，黄宗道 . 1987. 热带北缘橡胶树栽培 [M]. 广州：广东科技出版社 .

江爱良 . 1997. 华南热带东西部地区冬季气候的差异性与橡胶树的引种 [J]. 地理学报，52（1）：45-53.

江爱良 . 2003. 青藏高原对我国热带气候及橡胶树种植的影响 [J]. 热带地理，23（3）：199-203.

居辉，熊伟，许吟隆 . 2008. 东北春麦对气候变化的响应预测 [J]. 生态环境，7（4）：1595-1598.

李国尧，王权宝，李玉英，等 . 2014. 橡胶树产胶量影响因素 [J]. 生态学杂志，33（2）：510-517.

李辉，姚凤梅，张佳华，等 . 2014. 东北地区玉米气候产量变化及其对气候变化的敏感性分析 [J]. 中国农业气象，35（4）：423-428.

刘敬强，瓦哈甫·哈力克，哈斯穆·阿比孜，等 . 2013. 新疆特色林果业种植对气候变化的响应 . 地理学报，68（5）：708-720.

刘少军，张京红，张明洁，等 . 2014. DEA 模型在山洪灾害危险性评价中的应用——以海南岛为例 [J]. 自然灾害学报，23（4）：227-234.

刘晓光，张慧坚，李光辉，等 . 2012. 海南省主要热带作物灾害脆弱性分析及对策研究——以天然橡胶种植业为例 [J]. 自然灾害学报，21（6）：104-110.

刘毅，黄建毅，马丽 . 2010. 基于 DEA 模型的我国自然灾害区域脆弱性评价 [J]. 地理研究，29（7）：1153-1162.

马占新 . 2010. 数据包络分析模型与方法 [M]. 北京：科学出版社 .

史文娇，陶福禄，张朝 . 2012. 基于统计模型识别气候变化对农业产量贡献的研究进展 [J]. 地理学报，67（9）：1213-1222.

史文娇，陶福禄 . 2014. 非洲农业产量对气候变化响应与适应研究进展 [J]. 中国农业科学，47（16）：3157-3166.

孙芳，杨修，林而达，等 . 2005. 中国小麦对气候变化的敏感性和脆弱性研究 [J]. 中国农业科学，38（4）：692-696.

汪险生，郭忠兴. 2014. 基于 DEA 方法的农地非农化效率研究 [J]. 自然资源学报，29（6）：944-955.

魏权龄. 2004. 数据包络分析 [M]. 北京：科学出版社.

肖登攀，陶福禄，沈彦俊，等. 2014. 华北平原冬小麦对过去 30 年气候变化响应的敏感性研究 [J]. 中国生态农业学报，22（4）：430-438.

谢立勇，李悦，钱凤魁，等. 2014. 粮食生产系统对气候变化的响应：敏感性与脆弱性 [J]. 中国人口资源与环境，24（5）：25-30.

阎莉，张继权，王春乙，等. 2012. 辽西北玉米干旱脆弱性评价模型构建与区划研究 [J]. 中国生态农业学报，20（6）：788-794.

杨修，孙芳，林而达，等. 2004. 我国水稻对气候变化的敏感性和脆弱性 [J]. 自然灾害学报，13（5）：85-89.

姚凤梅，秦鹏程，张佳华，等. 2011. 基于模型模拟气候变化对农业影响评估的不确定性及处理方法 [J]. 科学通报，56（8）：547-555.

张俊香，延军平. 2003. 关中平原小麦产量对气候变化区域响应的评价模型研究 [J]. 干旱区资源与环境，17（1）：85-90.

中国热带农业科学院，华南热带农业大学. 1998. 中国热带作物栽培学 [M]. 北京：中国农业出版社.

朱珠. 2013. 江苏省水稻产量对气候变化的响应特征 [D]. 南京信息工程大学硕士论文.

邹海平，王春乙，张京红，等. 2013. 海南岛香蕉寒害风险区划 [J]. 自然灾害学报，22（3）：130-134.

Curnel Y, de Wit A J, Duveiller G, Defourny P. 2011. Potential performances of remotely sensed LAI assimilation in WOFOST model based on an OSS Experiment [J]. *Agricultural and Forest Meteorology*, 151（12）：1843-1855.

Nicholls N. 1997. Increased australian wheat yield due to recent climate trends [J]. Nature, 387（6632）：484-485.

Ramirez-Villegas J, Jarvis A, Läderach P. 2013. Empirical approaches for assessing impacts of climate change on agriculture：The EcoCrop model and a case study with grain sorghum [J]. *Agricultural and ForestMeteorology*, 170：67-78.

Schlenker W, Roberts M J. 2009. Nonlinear temperature effects indicate severe damages to US crop yields under climate change [J]. *Proceedings of the National Academy of Sciences*, 106（37）：15594-15598.

Seo S N, Mendelsohn R. 2008. Measuring impacts and adaptations to climate change：a structural Ricardian model of African livestock management. *Agricultural Economics*, 38 (2): 151-165.

SHI Wen-jiao, TAO Fu-lu, ZHANG Zhao. 2013. A review on statistical models for identifying climate contributions to crop yields [J]. *Journal of Geographical Sciences*, 23 (3): 567-576.

Thornton P K, Jones P G, Alagarswamy G, Andresen J. 2009. Spatial variation of crop yield response to climate change in East Africa [J]. *Global Environmental Change*, 19 (1): 54-65.

Watson R T. 2001. Climate Change 2001: Synthesis Report. UK: Cambridge University Press.

You L Z, Rosegrant M W, Wood S, et al. 2009. Impact of growing season temperature on wheat productivity in China [J]. *Agricultural and Forest Meteorology*, 149 (6/7): 1009-1014.

17 中国橡胶树产胶能力分布特征研究

　　受气候因素限制，中国橡胶种植面积有限，目前中国天然橡胶树种植区主要分布在海南、云南、广东、广西、福建 5 省。由于我国适宜植胶区域纬度偏北且海拔偏高，橡胶树整个生长周期中受到风、寒、旱等气候胁迫因子的威胁，发展橡胶受到自然资源的严格制约。国内可供扩大橡胶树种植的土地资源已达极限，要在有限的自然资源条件下提高橡胶树种植区的天然橡胶生产能力，就必须提高橡胶树的单位面积产量（位明明等，2016）。经过多年的发展，中国橡胶种植区的单位面积产量究竟如何呢？长时间序列的遥感数据为回答这一问题提供了数据支撑。因此，采用遥感技术进行单位面积上橡胶生产潜力的监测和评价，可为准确、及时掌握橡胶产胶状况提供决策依据。橡胶产胶潜力直接影响到橡胶产量的高低。前人通过统计调查方法、统计预报方法、气象预测预报方法、农学预测预报方法、作物生长模拟方法及基于遥感和地理信息系统的预测预报方法等开展作物估产（任建强等，2006）。关于橡胶产量估产模型有：灰色模型（高素华，1987）、线性回归模型（吴春太等，2014；冯耀飞等，2016；郭玉清等，1980；张利才等，2016）、时间序列分析模型（苏文地等，2011）、模糊数学综合评判（刘文杰等，1997）、遥感预测模型（苏文地等，2011）、气候适宜预测模型等。目前，橡胶树产胶潜力的估计模型大多依靠生产经验统计阶段，尚无成熟的估算模型（李海亮等，2012）。关于中国橡胶主产区的橡胶树产胶潜力的时空分布格局研究分析，未见报道。橡胶净初级生产力作为橡胶在单位时间和单位面积上所产生的有机干物质总量，是反映橡胶生态系统对气候变化响应的重要指标（吴珊珊等，2016）。同时，橡胶产量与生长季内 NPP 关系密切，二者存在有效的产量转换关系。因此，本文尝试利用遥感数据提取 NPP，通过模型计算橡胶的年产胶潜力，借此分析不同橡胶种植区域范围内单位面积上橡胶树产胶潜力差异及产生差异的原因，为更好地开展橡胶估产、胶园的更新、品种区域配置等提供决策支撑。

17.1 数据和方法

17.1.1 数据来源

2000—2015 年 MODIS NPP 数据来源于网站（http：//www.ntsg.umt.edu/project/mod17#data-product）；海南、云南、广东的橡胶树种植现状图信息来源文献（郑文荣，2014）；中国国界、省界和县界行政区划图来源于国家基础地理信息网站提供的 1：400 万基础地理信息数据（http：//ngcc.sbsm.gov.cn/）。气象数据来源于海南省气象信息中心和中国气象科学数据共享服务网（http：//cdc.nmic.cn）。橡胶产量数据来源于各省 2000—2015 年统计年鉴。

说明：由于福建和广西橡胶产量的总量约占全国总产量的 0.06% 左右（2010 年产量基数计算），所以在研究中仅考虑主产区海南、云南、广东的橡胶种植范围。

17.1.2 研究方法

基于卫星遥感的中国橡胶树产胶潜力评价方法主要通过如下步骤实现：首先根据橡胶种植现状图（郑文荣，2014），提取中国橡胶主产区橡胶分布点；基于橡胶 NPP 数据集，统计橡胶分布区域内每年年净初级生产力（NPP）总量；根据橡胶树产胶潜力模型计算不同区域橡胶产胶潜力。

1）橡胶种植现状分布点的提取

利用橡胶种植现状图提取中国橡胶主产区橡胶种植分布图（图 17-1），中国橡胶主产区橡胶面积：海南约 4 900 km²、云南约 4 913 km² 和广东约413 km²。

2）橡胶年净初级生产力（NPP）总量

根据 2000—2015 年不同月的 MODIS NPP 数据，提取各年的年净初级生产力（NPP）总量。其中，每月的净初级生产力的估算主要是根据 MODIS 遥

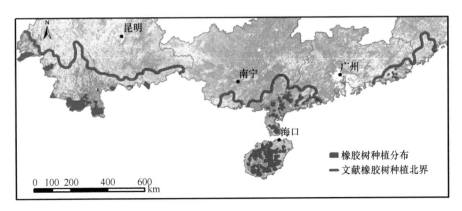

图 17-1 橡胶树种植分布

感数据，利用光能利用率模型（CASA）提取研究区天然橡胶初级生产力（NPP）平均空间分布数据。该模型主要由植被吸收的光合有效辐射（APAR）和光能转化率（ε）两个变量确定，CASA 模型 NPP 计算表达式为（公式 17-1）：

$$\mathrm{NPP}(x,\ t) = \mathrm{APAR}(x,\ t) \times \varepsilon(x,\ t) \qquad (17\text{-}1)$$

式中，APAR $(x,\ t)$ 和 ε $(x,\ t)$ 分别表示为遥感图像上天然橡胶的栅格单元 x 在 t 月的光合有效辐和光能利用率（朱文泉等，2006；刘少军等，2014）。

3）橡胶产胶潜力模型

根据李海亮等（2012）提出的橡胶产胶潜力估算模型，计算每年橡胶产胶潜力，具体见公式（17-2）：

$$P = \frac{\mathrm{NPP} \times H_i}{2.5} \qquad (17\text{-}2)$$

式中，P 为天然橡胶产胶潜力（$\mathrm{g/m^2}$），NPP 为橡胶林净初级生产力 $\mathrm{g/m^2}$（以碳计），H_i 为橡胶树的干物质分配率，本研究中的干物质分配率取值范围 $21.0\% \sim 28.5\%$。

17.2 结果与分析

17.2.1 橡胶生产潜力的空间分布

橡胶种植区域橡胶年产胶潜力在 $40\sim160$ g/m²，多年平均值为 100.52 g/m²。从空间上可以看出（图 17-2），中国主要橡胶种植区的产胶潜力存在明显的差异，云南橡胶的产胶潜力整体高于海南，海南整体上高于广东橡胶种植区。而且年产胶潜力在数量上也存在较大差异，其中多年平均值云南为 124.59 g/m²，海南为 93.28 g/m²，广东为 63.07 g/m²。根据产胶潜力值判断，云南是单产最高的优质天然橡胶生产基地，海南次之，广东最低。

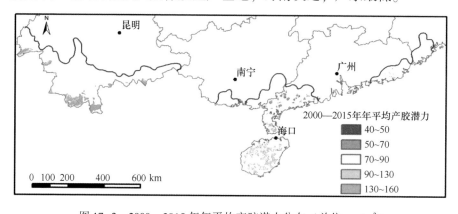

图 17-2 2000—2015 年年平均产胶潜力分布（单位：g/m²）

17.2.2 橡胶产胶潜力的年际变化分析

从整体上看，中国主要橡胶产区 2000—2015 年橡胶产胶潜力在波动中呈增加趋势，线性增长率为 0.123 g/（m²·a），增加趋势不显著（见图 17-3）。橡胶产胶潜力从 2000 年 99.71 g/m²增加到 2015 年 101.36 g/m²，其中最大值为 2003 年 106.61 g/m²，最小值为 2005 年 93.36 g/m²。

从分区域来看，海南、云南、广东年橡胶产胶潜力年际波动不大（见图 17-4），海南 2000—2015 年橡胶产胶潜力在波动中呈增加趋势，线性增长率

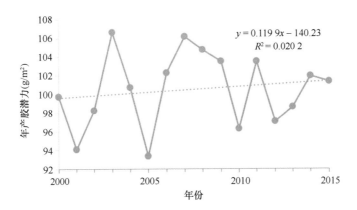

图 17-3 橡胶主产区 2000—2015 年年产胶潜力变化趋势

为 0.24 g/（m^2 · a），增加趋势不显著，橡胶产胶潜力从 2000 年 87.47 g/m^2 增加到 2015 年 95.8 g/m^2，其中最大值为 2007 年 105.72 g/m^2，最小值为 2002 年 83.16 g/m^2。

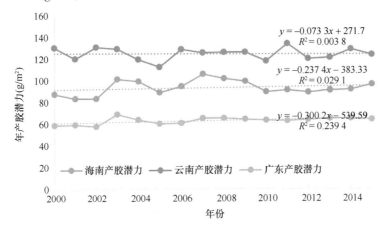

图 17-4 海南-云南-广东 2000—2015 年年产胶潜力变化趋势

广东 2000—2015 年橡胶产胶潜力在波动中呈增加趋势，线性增长率为 0.3 g/（m^2 · a），增加趋势不显著，橡胶产胶潜力从 2000 年 58.47 g/m^2 增加到 2015 年 64.03 g/m^2，其中最大值为 2003 年 68.77 g/m^2，最小值为 2000 年 58.62 g/m^2。

云南 2000—2015 年橡胶产胶潜力在波动中呈微弱减小趋势，线性减少率为 0.07 g/（m² · a），减少趋势不显著，橡胶产胶潜力从 2000 年 130.06 g/m² 减少到 2015 年 123.75 g/m²，其中最大值为 2011 年 133.67 g/m²，最小值为 2005 年 112.57 g/m²。

17.2.3 橡胶树产胶潜力差异的原因分析

橡胶树产胶潜力的影响因素除了橡胶树本身的生物学特性、土壤特性外，主要包括气候波动和人类活动。由于中国橡胶树种植区属于非传统种植区，植胶区纬度偏高，种植环境和原生地的差异较大，本文主要从橡胶树寒害、风害及气候适宜性角度分析产胶潜力差异的原因。

寒害影响：当出现低温小于 5℃ 或连续低温阴雨天气时，橡胶树就有可能遭到不同程度的寒害（刘绍凯等，2008）。寒害已经成为中国天然橡胶树种植区特有和主要的气象灾害之一（刘世红等，2009），也是限制中国橡胶发展的主要因素（邱志荣等，2013）。根据中国气象局发布的《橡胶寒害等级（QX/T169-2012）》行业标准的相关指标（中国气象局，2013），选择年度极端最低气温、年度最大降温幅度、年度寒害持续日数、年度辐射型积寒、年度平流型积寒、年度最长平流型低温天气过程的持续日数作为橡胶树寒害的评价指标，通过对 6 个致灾因子的原始值进行数据标准化处理，按照一定的权重，计算橡胶 1981—2010 年平均寒害指数（刘少军等，2015）。从图 17-5 中可以看出，广东北部及云南的西北部分区域属于寒害影响较重区域；海南、云南的景洪、勐腊等地，受到寒害影响的风险较小。

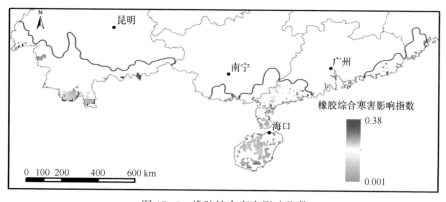

图 17-5 橡胶综合寒害影响指数

风害影响：采用1981—2010年影响橡胶种植区范围的台风次数和橡胶台风灾害分级标准（张京红等，2013），统计各站发生橡胶台风灾害损失次数占统计总年份台风影响次数的比值作为橡胶台风灾害指数（图17-6）。橡胶台风灾害指数高值区分布在海南、广东等地，易受到台风的影响；低值区分布在云南，受到台风影响的风险较小（刘少军等，2015，2016）。

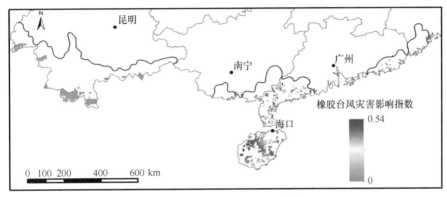

图17-6　橡胶台风影响指数

气候适宜性影响：温度、降雨和太阳辐射是影响产胶量的主要气象因子，它们相互影响并以累加效应作用于橡胶产胶（李国尧等，2014；杨铨等，1989）。橡胶气候适宜性等级划分的结论（刘少军等，2015），气候适宜性指数高值区主要分布在海南省的儋州、乐东、白沙、保亭，广东的雷州半岛、云南省的景洪、猛腊等地。低值主要分布云南盈江、永德、双江、景谷、屏边等地、广东的信宜、阳春、海丰、惠来等（图17-7）。

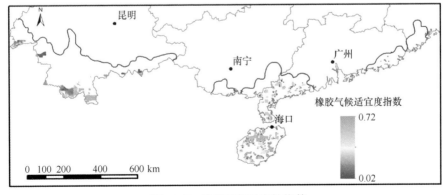

图17-7　橡胶气候适宜性指数

综上所述，由于气候差异以及风、寒等自然灾害的共同影响，海南-云南-广东天然橡胶产胶潜力差距较大。主要原因如下：在云南，受台风影响较小、寒害影响轻、气候适宜度高的区域，橡胶整体生产潜力较大。目前，云南已成为我国种植面积最大、产胶最多、单产最高的优质天然橡胶生产基地（位明明等，2016）。而在海南、广东，由于自然灾害频繁，单位面积保存株数较少，品种结构单一，树龄结构不合理，其产量整体低于云南橡胶产区。海南是气候适宜性较好的天然橡胶生产基地，广东属于气候适宜性基本符合橡胶树生长所需要的环境。

17.3　结论与讨论

17.3.1　结论

利用遥感数据从宏观上得到了中国橡胶主产区 2000—2015 年的橡胶产胶潜力的差异分布，并从气象灾害和气候适宜性角度给出了产生差异的原因，研究结果表明：

（1）从空间上来看，中国橡胶主产区橡胶产胶的潜力分布存在明显差异，其中云南产胶潜力整体高于海南，海南高于广东；从时间上看，2000—2015 年中国主产区橡胶产胶潜力在波动中呈增加趋势，但增加趋势不明显。

（2）气象灾害、气候适宜性的共同影响导致不同种植区域的橡胶产胶潜力的差异。其中云南产区现有橡胶种植区域整体条件较好，单位面积上的产胶潜力大，但橡胶寒害的影响和气候适宜性的影响，导致其种植范围的扩大受限；在海南，气候条件优越，主要是橡胶风害的影响，导致胶园产胶量受限；在广东，主要是橡胶风害和寒害的双重影响，同时种植范围受到气候适宜性的影响，种植范围有限。

17.3.2　讨论

（1）橡胶是一种重要的战略物质，天然橡胶的自给率严重不足，生产与消费极为不对称（金华斌，2017）。最大限度地提高橡胶树单位面积产量是缓解国内天然橡胶供需矛盾的最有效途径之一（位明明等，2016）。橡胶树产胶潜力是橡胶产量预估的基础，因此，了解橡胶树产胶潜力的分布可为橡胶树种植及进口提供科学决策。同时，根据监测到的橡胶树产胶潜力差异区域，可以有针对性地开展产胶潜力的提升工作。如，提高胶园管理水平，加快低产残次胶园的更新改造，加快良种推广速度，力争优势区域内种植面积稳定增加，增加橡胶总产量。

（2）橡胶树产胶潜力的高低受很多因素的制约，如气象因子、土壤营养成分、常见病虫害、割胶制度和技术、品种和胶园管理等均会影响橡胶的产胶潜力（李国尧等，2014；杨铨等，1989）。本文仅从橡胶气候适宜性和橡胶风害、寒害的角度简要分析了主产区产胶潜力的差异原因，需要进一步结合土壤类型、品种、橡胶园管理等方面进行具体分析。

（3）由于不同橡胶品种之间产胶潜力转换系数存在一定的波动，导致产胶潜力的结果局部可能存在一定偏差。橡胶实际产量一般情况下并不能达到产胶潜力的水平，但可以作为橡胶估产的重要依据。同时，本文仅从整体上说明了海南-云南-广东产区的差异，但也不排除局部区域与实际情况存在一定误差。

参考文献

冯耀飞，张慧艳 . 2016. 橡胶产量与气象因子的灰色关联性及逐步回归分析研究［J］. 热带农业科学，36（11）：57-60.

高素华 . 1987. 用灰色系统 GM（1，1）模型预报橡胶产量［J］. 热带作物学报，8（1）：71-76.

郭玉清，张汝 . 1980. 气象条件与橡胶树产胶量的关系［J］. 云南热作科技，26（1）：11-22.

金华斌，田维敏，史敏晶 . 2017. 我国天然橡胶产业发展概况及现状分析［J］. 热带农业科学，37（5）：98-104.

李国尧，王权宝，李玉英，等 . 2014. 橡胶树产胶量影响因素［J］. 生态学杂志，33（2）：510-517.

李海亮，罗微，李世池，等 . 2012. 基于净初级生产力的海南天然橡胶产胶潜力研究［J］. 资源科学，34（2）：337-344.

李海亮，罗微，李世池，等 . 2012. 基于遥感信息和净初级生产力的天然橡胶估产模型［J］.

自然资源学报，27（9）：1610-1621.

刘少军，张京红，车秀芬，等 . 2014. 基于 MODIS 遥感数据的海南岛橡胶林碳密度空间分布研究 [J]. 热带作物学报，35（1）：183-187.

刘少军，周广胜，房世波 . 2015. 1961—2010 年中国橡胶寒害的时空分布特征 [J]. 生态学杂志，34（5）：1282-1288.

刘少军，周广胜，房世波 . 2015. 中国橡胶树种植气候适宜性区划 [J]. 中国农业科学，48（12）：2335-2345.

刘少军，周广胜，房世波 . 2016. 中国橡胶种植北界研究 [J]. 生态学报，36（5）：1272-1280.

刘绍凯，许能锐 . 2008. 寒害对海南西庆农场橡胶林的影响与防害措施 [J]. 林业科学，44（11）：161-163.

刘世红，田耀华 . 2009. 橡胶树抗寒性研究现状与展望 [J]. 广东农业科学，35（11）：26-28.

刘文杰，李红梅，段文平 . 1997. 西双版纳橡胶产量的模糊综合评判预报 [J]. 林业科技，22（5）：61-63.

邱志荣，刘霞，王光琼，等 . 2013. 海南岛天然橡胶寒害空间分布特征研究 [J]. 热带农业科学，33（11）：67-69.

任建强，陈仲新，唐华俊 . 2006. 基于 MODIS-NDVI 的区域冬小麦遥感估产——以山东省济宁市为例 [J]. 应用生态学报，17（12）：2371-2375.

苏文地，张培松，罗微 . 2011. 时间序列分析在儋州橡胶产量预测上的运用 [J]. 热带农业科学，31（2）：1-4.

位明明，李维国，黄华孙，等 . 2016. 中国天然橡胶主产区橡胶树品种区域配置建议 [J]. 热带作物学报，37（8）：1634-1643.

吴春太，马征宇，刘汉文，等 . 2014. 橡胶 RRIM600 的产量与产量构成因素的通径分析 [J]. 湖南农业大学学报（自然科学版），40（5）：476-480.（in Chinese）

吴珊珊，姚治君，姜丽光，等 . 2016. 基于 MODIS 的长江源植被 NPP 时空变化特征及其水文效应 [J]. 自然资源学报，31（1）：39-50.

杨铨 . 1989. 几种气象因子与产胶量的关系 [J]. 中国农业气象，（1）：42-44.

张京红，刘少军，蔡大鑫 . 2013. 基于 GIS 的海南岛橡胶林风害评估技术及应用 [J]. 自然灾害学报，22（4）：175-181.

张利才，洪群艳，李志 . 2016. 西双版纳基于气象因子的橡胶产量预报模型 [J]. 热带农业科技，39（3）：9-13.

郑文荣 . 我国天然橡胶发展情况和产胶趋势 . http：//www. docin. com/p-245944869. html，2014-6-30.

中国气象局 . 2013. 中华人民共和国气象行业标准（QX/T169-2012）：橡胶寒害等级 . 北京：
　气象出版社 .

朱文泉，潘耀忠，何浩，等 . 2006. 中国典型植被最大光利用率模拟［J］. 科学通报，51（6）：
　700-706.